「科学のキホン」シリーズ③

イラストでわかる

やさしい

化 学

アリ・O・セゼル［著］

東辻千枝子［訳］

謝　辞

この本を現実のものにしてくれた素晴らしい人たちを称えたい。ユニプレス・ブックスのナイジェル・ブラウニングには、このプロジェクトの著者として機会を与えてくれたことに感謝している。企画責任者であり編集者でもあるナタリア・プライス＝カブレラには、立ち上げから完成までの指導、絶え間ないフィードバック、そして忍耐に特別の感謝を捧げたい。リンゼイ・ジョンズは、本書を真に視覚的な体験にする見事なデザインと力強いイラストレーションで称賛に値する。また、いつも私を信じてくれた両親、ファイクとハティツェにも感謝の意を表したい。本を書くことは難しいことだが、やりがいのあることでもある。本書の刊行は、関係者全員の素晴らしい努力なしには不可能だっただろう。ありがとうございました！

アリ・Ｏ・セゼル

CHEMISTRY IN GRAPHICS by Dr. Ali O. Sezer

© UniPress Books 2021

This translation originally published in English in 2021 is published by arrangement with UniPress Books Limited through Tuttle-Mori Agency, Inc., Tokyo

CHEMISTRY IN

「科学のキホン」シリーズ

3

イラストでわかる

やさしい

化 学

アリ・O・セゼル［著］

東辻千枝子［訳］

GRAPHICS

創元社

目 次

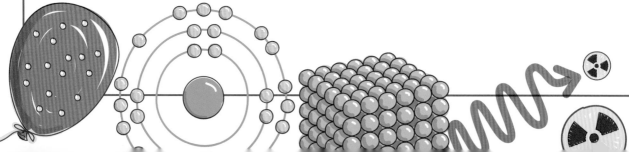

化学の世界へようこそ！

化学ではこの宇宙にあるあらゆる物質を調べる。物質には質量と体積がある。観察、実験、仮説、そして理論を駆使して、物質の見かけや構造や性質を調べるばかりではなく、環境や条件が変わったときに、どのように、そしてなぜ変化をするのかを探るのも化学の役割である。さらに化学者は新たな物質を創り出すこともある。

化学は科学の全分野の中でも重要な役割を果たしている。私たちのまわりにある多くのものは化学を利用して作られているし、日常の生活はある種の化学過程でもある。

化学が毎日の生活にもたらす影響についてゆっくりと考えてみる機会は少ないかもしれないけれども、化学の知識なしにはこの物質世界のしくみを理解することはできない。まずは化学の世界の歴史から始めよう。

化学の起源はエジプトにあり、そこからギリシア、ローマに伝えられたとされているが、ここからの数ページで、化学の始まりから現代に至る2,000年以上の時の流れを、その間の重要なマイルストーンとなった発見に注目しながら説明しよう。

発見の歴史

世界は目に見えない小さな粒子（アトモス）でできているという考えを最初に提示したのは、紀元前5世紀ごろのギリシアの哲学者レウキッポスとその弟子のデモクリトスであった。しかし、哲学者で博識家であったアリストテレス（紀元前384-前322）は、物質は連続的であって無限に分割できると信じていた。アリストテレスの影響力は大きく、レウキッポスとデモクリトスの理論が広く受け入れられるまでにはさらに2,000年もかかった。

古代、人々は金属を精錬し、合金にして利用するようになった。そこから錬金術の歩みが始まった。錬金術とは、普通の金属を「完全な金属」である金に変えよう、不老不死の薬を発見しようという試みである。中世の錬金術師たちによって、科学や哲学、神秘主義などの要素も加えられていき、17世紀の後半まで錬金術の時代は続いた。

やがてロバート・ボイル（1627-91）や、そのあとのアントワーヌ=ローラン・ド・ラボアジエ（1743-94）のような人々が現れて進歩的な考え方をもたらし、新しい冶金学の知識の発展によって錬金術の時代は終わった。

紀元前500年

レウキッポスとデモクリトスは、物質についてその当時考えられていたことに反する考え方を提起した

それでもそのような錬金術の進展があったからこそ、近代的な科学が出現したのである。当時の科学者たちは、錬金術の原理を振り返りながらも「原子」という見方で物質を調べるようになっていった。

1661年、イギリスで研究をしていた哲学者で化学者、物理学者でもあったロバート・ボイルは『懐疑的な化学者』という著書で気体に関する研究成果を公表した。彼は、物質を構成する元素が「微粒子」でできていると述べ、その微粒子でさまざまな物質を組み立てられるのだと主張した。微粒子は原子と呼ばれるようになり、17世紀には多くの個性豊かな科学者たちがボイルの研究を進めて実験化学の発展と多くの元素の発見へと導いた。

フランスの化学者アントワーヌ＝ローラン・ド・ラボアジエは、実験の結果から理論を導く方法を完成するために、それまでに蓄積された知識を注意深く整理した。彼はさまざまな元素と酸素との燃焼反応を研究して、化学反応が起こっても質量は保存されるという「質量保存の法則」を発見した。彼ははじめて元素の表を作り、メートル法や学名の命名法を確立した。ラボアジエは彼に続く人々への門戸を開き、現代化学の父といわれている。

ラボアジエは化学反応の前と後に物質を測定して、質量保存の法則を実証してみせた

1789

1793

ロバート・ボイルは、元素が微粒子でできていて、これらの微粒子の組み合わせでさまざまな化学物質ができると信じた

1661

もうひとりのフランスの化学者ジョゼフ・プルースト（1754-1826）は、多くの実験と測定により「定比例の法則」を発見した。この法則は、ある化合物の成分元素の質量比は元の材料や反応の方法にはよらず常に一定であると述べている。

ジョゼフ・プルーストの定比例の法則は化合物が元素の整数比の組み合わせでできていることを明らかにした

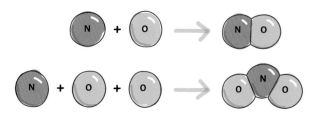

イギリスの化学者で、物理学者で気象学者でもあったジョン・ドルトン（1766-1844）は原子説を提唱し、原子が元素を構成していて同種の元素の原子の質量は等しく、異なる元素とは原子の質量が異なり、化合物では「定比例の法則」が成立すると説明した。彼はさらに元素どうしは異なる割合で結合して別の化合物となることがあることも示した。これを「倍数比例の法則」という。

ジョン・ドルトンは化合物を構成する元素の割合が決まっているのは物質が原子でできているという性質によると説明した

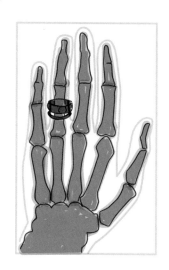

1904

トムソンが提唱した原子のプラムプディングモデル

1803

1895

ドルトンによる原子の「固体球モデル」

ドルトンは1803年に発表した原子論の中で、原子は分割できない固体球であり、それによってすべての物質が構成されていると述べた。彼の提唱した理論がきっかけとなって、さらなる元素の発見や、初めての元素周期表の作成など、怒涛のような科学の展開が続いた。

人間の目に見える光の範囲の外にも光が存在するということを科学者たちが発見したのはそれから1世紀近くもあとのことであった。ドイツの物理学者ヴィルヘルム・コンラート・レントゲン（1845-1923）は人体を透過する見えない光を発見しX線と名付けた。1895年に初めてのX線画像（それは彼の妻の左手のものだった）を発表して科学の世界に衝撃をもたらした。この発見に対して彼は1901年に第一回のノーベル物理学賞を授与されたが、賞金の全額を人類のために寄付した。この見えない光線の危険性に気づくことなく、彼は癌で死去したが、やがて画像診断による医学という革命的な分野への扉が開いた。

レントゲンが世界で初めて撮影したX線画像のひとつ

1905

アルバート・アインシュタインは光の本質と、物質と光の相互作用を明らかにした

ドイツの理論物理学者アルバート・アインシュタイン（1879-1955）は1905年、光はフォトンというエネルギー粒子であって、波、すなわち電磁波として宇宙空間を伝搬すると提唱した。物質の性質と光と物質の相互作用について科学者の間で激しい議論が続いた。やがてそれが量子理論の確立へと続き、量子理論はさらなる科学の研究の手段となり、それまでに人々が知っていたことをすっかり変えるような発見をもたらした。

化学が社会に対して大きな影響を与え始めたのも1900年代初頭であった。1905年には、やはりドイツの化学者のフリッツ・ハーバー（1868-1934）が空気中の水素と窒素に高圧をかけてアンモニアを合成する方法を発明した。アンモニアは肥料生産の基本であったので、これは農業の歴史における重要な転換点となった。農業生産は増加し、人間にも家畜にも必要な食料をじゅうぶんに届けられるようになった。

肥料の基本であるアンモニアの生産は農産業の急成長をもたらした

1911

惑星モデルとも呼ばれるラザフォードの原子模型

1913

電子が円軌道を運動するボーアの原子模型

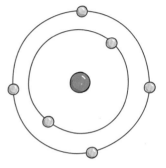

1926

電子雲で表現されるシュレーディンガーの原子模型

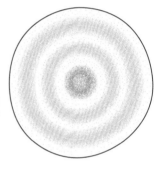

一方で、スコットランドの細菌学者アレキサンダー・フレミング（1881-1955）による思いがけない発見は、おそらく典型的な科学精神の勝利であった。彼が1928年に細菌の研究中にシャーレに落ちたカビを見つけたことがペニシリンの発見につながり、今日なお多くの疾病を根絶させるために極めて重要な抗生物質の製造を可能にしたのだった。

1928

ペニシリンの発見は、社会における科学の重要性をありありと示した

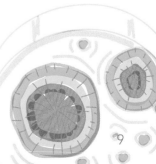

9

あらゆる科学の発見がただちに有益だったわけではない。1898年に初めてポリエチレンが合成されたとき、化学者たちはこの白いねばねばしたものが何かの役に立つとは思わなかった。しかし、1933年にポリエチレンを大規模に合成する工業化のプロセスがたまたま発見された。

これが、現在もっともありふれた材料であるプラスチックの時代の幕開けとなった。環境への懸念（け ねん）からプラスチックに対する意見を変えた人も多いが、特に20世紀の産業化の時代にはきわめて有用な商品となり、世界中の日常生活に大変革をもたらした。

プラスチックは日常生活の多くを変えてしまった

1983

DNA化学ではPCR試験は標準的な技術となった

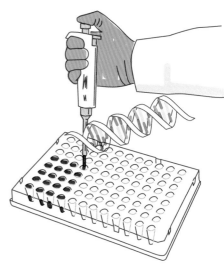

アメリカの生物化学者キャリー・バンクス・マリス（1944-2019）は1983年にポリメラーゼ連鎖反応（PCR）を発見し、生物におけるウイルス性や細菌性の感染の同定に使われる極めて感度の高いPCR試験の基礎を確立した。この発見はDNA化学に革命をもたらし、マリスは1993年にノーベル化学賞を授与された。

PCRによってDNAの試料を増幅し複製することができるようになり、DNA型の鑑定やウイルスや細菌の検出、遺伝子異常の診断などが迅速で簡単になった。HIVによる感染の流行や新型コロナウイルスの感染爆発に際して発揮されたPCR試験の驚異的な威力によってマリスの発見の重要性は高く評価されることになった。

1933　　1964　　1971

物質の化学的な特徴が理解できるようになり、新しい装置も開発されて、20世紀には特殊な化学製品も作れるようになった。たとえば1964年には液体と固体の両方の性質を備えた化合物から液晶ディスプレイ（LCD）が作られた。これはエレクトロニクス産業に大きな変革をもたらし、いまや液晶を使ったモニターやスクリーンのない生活は想像できないほどになっている。

1971年、日本の農芸化学者遠藤章（えんどう あきら）（1933-）はスタチンと呼ばれる一群の化合物を発見した。これはあとになって血中の低濃度リポタンパク質（LDL）、いわゆる悪玉コレステロールの値を低下させる効果があることがわかった。この発見は、血中のコレステロール値が高くて冠動脈性の心疾患を含む重大な健康問題を引き起こすおそれのある多くの人々を救うことになったと評価されている。

1960年代半ばの液晶ディスプレイの発明はエレクトロニクス産業の大改革につながった

スタチンは動脈中にコレステロールが溜まるのを防ぐ

1990年代を代表する新しい科学研究は超分子化学という分野であった。それはふつうよりずっと大きくて複雑な1,100 nmほどの新奇な分子で、その分子に関する狂騒は1987年にドナルド・ジェームズ・クラム（1919-2001）、ジャン＝マリー・レーン（1939-）、チャールズ・ジョン・ペダーセン（1904-89）に授与されたノーベル化学賞から始まった。

超分子とは1 nm程度の分子が共有結合以外の弱い結合によって秩序のある巨大な分子になったもので、もとの分子の性質を保ちながら新しい形状をとったり機能を発揮したりする。この複雑な分子系には、薬品開発やさまざまなセンサー、ナノサイズの技術、分子デバイスなどの応用が期待されている。1990年代と2000年代初頭の超分子による分子機械合成の研究を対象に2016年にこの分野に2つ目のノーベル賞が授与された。分子機械は体内の標的細胞へ抗癌剤を届けることなど、多くの可能性を秘めている。

1998年以降、原子番号113から118の6つの新しい元素が追加されて、周期表の第7行が完成した。

フレロビウム（1998）、リバモリウム（2000）、ニホニウムとモスコビウム（2003）、オガネソン（2006）、テネシン（2010）は、粒子加速器を用いて重い原子核に軽い原子核を衝突させて人工的に核融合を起こすという注意深い実験によって1個か2個の原子が発見、観測されて公表された。これらの元素の寿命は1秒よりはるかに短いので、その存在の国際的な確認と承認には数年を要し、2016年11月の国際純正・応用化学連合の4元素名の発表によって118元素すべての名前が確定した。

さらなる発見によって周期表に第8行が追加されるであろうことは想像に難くない。

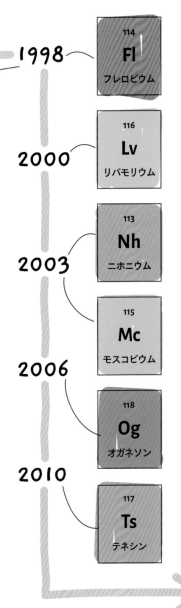

114
Fl
フレロビウム

116
Lv
リバモリウム

113
Nh
ニホニウム

115
Mc
モスコビウム

118
Og
オガネソン

117
Ts
テネシン

空洞中に薬剤を収納して標的細胞に届けるために超分子で作られた3次元構造

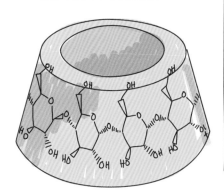

科学の1つの分野としての化学は、ここに述べたような発展の中で、他の多くの科学と同じように重要な役割を果たしてきた。過去の200年以上に研究者たちが成し遂げたすべてのことの価値を知るには、化学についての理解が欠かせない。本書を入り口にして化学の世界に踏み込んでみよう。

魅力的なイラストを使用し、生活に密着した内容も加えた本書によって、化学の基礎を学んで欲しい。そうすれば科学と産業の広範な分野に化学が応用されていること、また化学が現代の私たちの社会と生活を彩っていることを理解できるようになると信じている。

物質の世界と化学

　科学にはさまざまな分野がある。その1つである化学は、物質の成分や構造と変化、そして他の物質やエネルギーとの関係などを扱っている。前のページまでに紹介したように、紀元前のデモクリトスやアリストテレスの時代から、普通の金属を金に変えたい、不老不死の薬が欲しいなどという願望に始まっておよそ1,000年も続いた錬金術の時代を経て、近代化学の父といわれるアントワーヌ＝ローラン・ド・ラボアジエまで、長い間化学は科学の中心であった。その間に科学者たちは、実験や観察を通して物質の世界を理解するための理論を発展させようと努力を続けた。こうして積み上げられた知識が19世紀の中頃からの急速な進展につながり、現代の化学は科学の重要な分野となって今日に続いている。

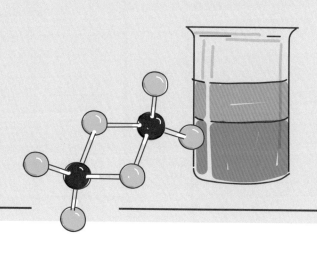

化学の役割

この世界は物質とエネルギーでできている。人間がそれを研究し理解しようとする手段が化学である。言うまでもなく、原子から星の世界まで、あるいは岩石から生き物までのあらゆる物質を理解するために化学の果たす役割はとても大きい。化学はそれ自体が科学の基本であるばかりでなく、他の多くの科学の分野の中心を支える存在でもある。

化学と人間生活

化学は応用範囲も広く、人間の生活に与えた影響も大きい。

さまざまな病状に対応するための新しい薬剤の開発。

薬理学

地球化学では、火山の噴火、隕石や化石の形成、長い間の沈殿物の変化だけではなく、地質学上の試料の組成や変化、年代の測定なども研究されている。

地質学

材料化学の驚異的な発展によって導電性ポリマーなどの次世代材料が徐々にシリコン材料に置き換わろうとしている。

エレクトロニクス

化学は、幹細胞技術の進歩のような現代医学の発展にも主要な役割を果たしている。

現代医学

化学は考古学的な事物の年代を決め、その時代に使われた技術に光を当てている。

考古学

農業における化学の役割は、作物の病害虫の駆除薬、肥料から、収量を増加させるための新しい方法の開発まで計り知れない。

農業

化学工業は化学の実用化であり、薬品や日用品などの大規模な化学製品製造プラントが企画され建設されている。

化学工業

物理学や植物学、生態学、気象学、古生物学、毒物学、農業、冶金学、神経医学など、ここに紹介した以外にもずっと多くの分野で化学は重要な役割を果たしている。

生物学と化学が結びついた生物化学による複雑な生体機能の研究こそが細菌感染の治療に不可欠な抗生物質の発見に結びついた。

生物化学

化学の各分野

化学には物理化学、分析化学、無機化学、有機化学、そして生物化学という5つの大きな分野がある。それぞれは細かく分かれて40以上にもなり、さらに新しく興味深い応用的な分野も続々と登場している。そのように細分化されていても、物質、およびその物理的、化学的、あるいは原子核の過程における変化の研究という化学の基本的な役割は変わらない。それぞれの分野では違った観点から化学を解明し、私たちがこの宇宙を理解するために欠くことのできない道具を提供してくれている。

物理化学　化学の系を対象として物理学および数学的な理論と方法を使う研究。

分析化学　物質を分離したり、同定したり、計量したりする方法による研究。

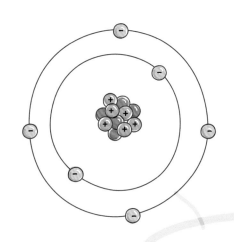

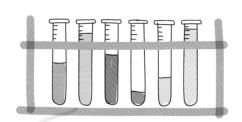

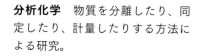

化学の5分野

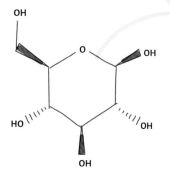

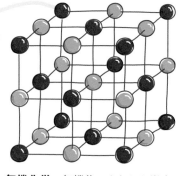

無機化学　無機物、すなわち炭素と水素の結合を含まないような物質の性質とふるまいの研究。

有機化学　炭素を含む有機化合物の性質とふるまいを研究する分野。

生物化学　生物の体内での化学過程を研究する分野。

物質

人間の目に見えるものも見えないものも、物質には一般に質量と体積がある。物理的に存在するものはすべて物質で、その構成要素は原子という小さなものである。物質の形態には、固体、液体、気体の状態がある。

物質を定義することば

ある物体に含まれる物質の量を**質量**という。

ある物体が空間で占めている大きさを**体積**という。

ある材質の単位体積あたりの質量を**密度**といい、その材質の特徴でもある。

$$密度 = \frac{質量}{体積}$$

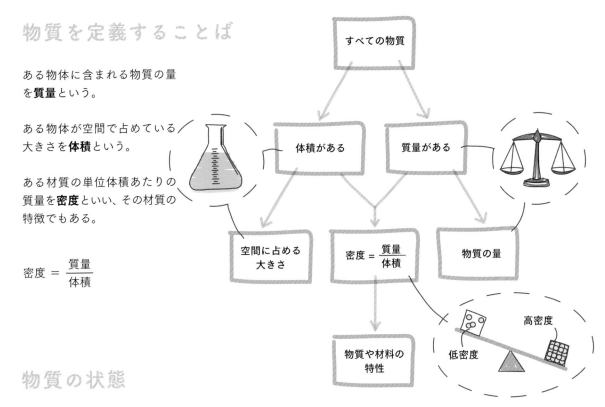

物質の状態

固体は物質の密度がもっとも高い状態で原子や分子がほぼ決まった位置に密に充填（じゅうてん）されている。これから順に学ぶように物質を作っている最小の粒子が原子、複数の原子が結びついてできた粒子を分子と呼んでいる。

液体の密度は固体と気体の中間で、原子や分子は動き回ることができるが、たがいに近くに留まっている。

気体がもっとも密度が低い状態で、原子や分子の間隔は大きい。気体の粒子間にはほとんど引力が働かないので粒子は自由に動き回る。

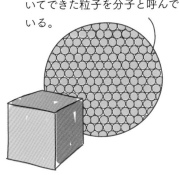

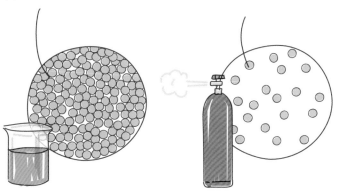

物質の分類

私たちのまわりのすべてが物質である。私たちが呼吸する空気、腰をかける椅子、身につける衣類、そして飲むものや食べるものなど、その外見はさまざまである。単一の材料でできた「純粋な物質」であることもあれば、いくつかの材料を含む「混合物」であることもある。

物理的な方法では分離できない。

物質の分類

純粋な物質とは、どの一部をとってもその組成物質と割合が変わらないものである。組成物質は決まった方法で結合しているので、その結合を壊すにはなんらかの化学的な手段が必要である。例えば食塩 $NaCl$ はナトリウム原子と塩素原子、水 H_2O は2つの水素原子と酸素原子が、それぞれ化学的に結合してできた純粋物質である。

純粋な物質

1種類の原子だけが含まれている。

2種類以上の異なる原子がある割合で化学的に結合している。

純粋な物質には単体と化合物がある。**単体**とは1種類だけの原子からできた物質で、例えば純金の塊は金の原子だけでできている。

単体

化合物

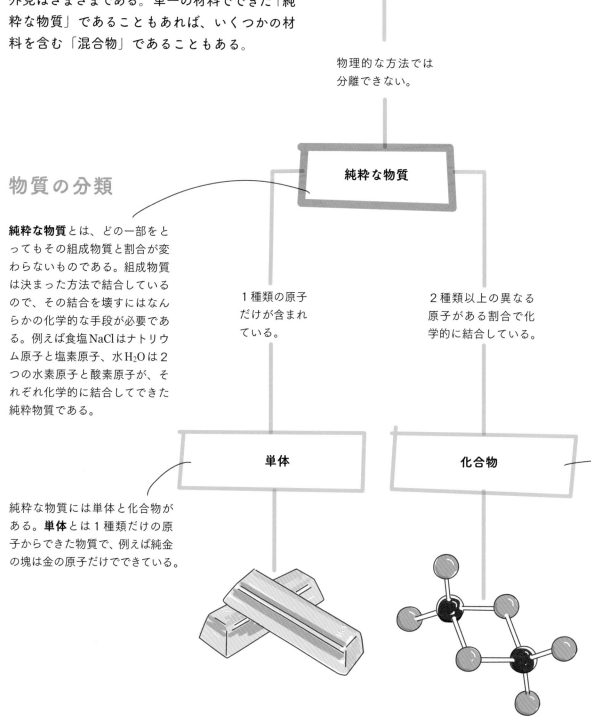

すべての物質

2種類以上の物質がいろいろな割合で、もとの性質を残したままで混じり合っているのが**混合物**である。したがって濾過(ろか)や蒸留などの物理的な方法でもとの物質に分離することができる。

元素どうしは互いに化学的に結合しやすいものが多く、自然界でも大抵の物質は複数種類の元素が混ざったものである。金や、酸素、窒素などの限られた元素だけが単体で存在している。たとえば鉄は酸素や硫黄との化合物の形で採掘され、単体では存在していない。混じり合ったものから純粋な成分を取り出すにはそのための技術が必要であることが多い。

物理的な方法で簡単に分離することができる。

混合物

不均一な混合物は、水と油のように2つ以上の成分が明らかに見分けられるような分布をしている。

場所によって割合が違う。

どこも同じ割合である。

不均一な混合物

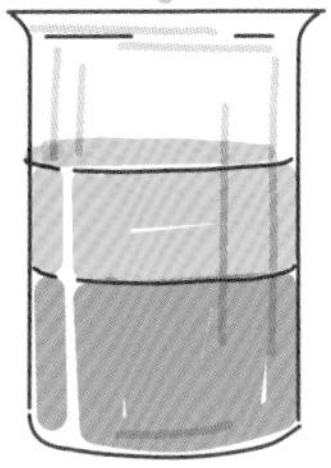

均一な混合物

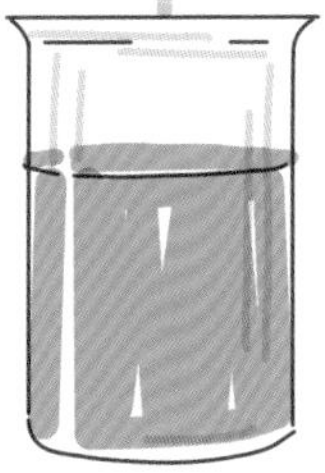

2種類以上の異なる元素が化学的に結合して、もとの物質のどれとも異なる性質をもつようになった物質を**化合物**という。原子が集まって単位になっているものが**分子**である。分子でできた化合物の中では分子はどれも同じ元素を同じ割合で含んでいて同じ形で結合している。たとえば水 H_2O の分子はどれも酸素原子1個と水素原子2個とでできている。

状態によって

固溶体、溶液、混合気体

均一な混合物は一般には溶体、液体の状態ならば溶液と呼ばれ、水に塩化ナトリウム $NaCl$ が溶けてできた塩水のように全体は均質になっている。

物質の性質と変化

化学の重要な役割のひとつは、たとえば、各種の病気の治療薬になるような化合物の合成など、人間の生活を改善する新しくて役に立つ材料を開発することである。材料の開発には物質の化学的な性質や物理的な性質、ときには原子核そのものにも変化が必要である。そのような変化には凝固や融解のような単なる相変化から、元素そのものが永久に変わってしまうような変化までであるが、いずれにしても新しい形態の物質ができる。

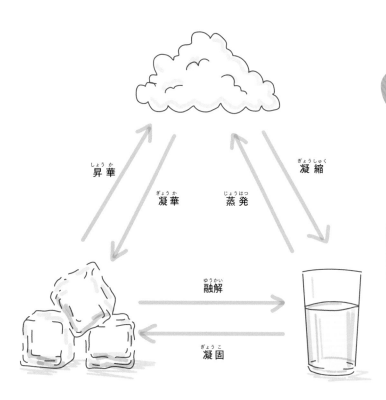

物質の**変化**

物理的な変化

昇華

凝華　蒸発

凝縮

融解

凝固

物質の**物理的な性質**は、匂い、色、密度、質量、あるいは沸点などで、物質の固有の性質を変化させずに測定や観察をすることができる。物質の気体、液体、固体のそれぞれの状態を**相**といい、温度や圧力によって気相、液相、固相に変化する。固体の氷が溶けて液体の水になり、液体の水が沸騰して蒸気になるという相変化は**物理的な変化**の例である。

多くの物質の変化に関係するエネルギーは**熱**（熱エネルギーともいう）である。熱エネルギーの単位はJ（ジュール）、またはcal（カロリー）である。熱の移動する方向は**温度**で決まり、熱は温度の高い領域から低い領域へと移動する。右ページの温度計の右側のめもりは絶対温度（単位はK、用語集参照）で、その最低温度である絶対零度は−273.15 ℃に等しい。

たとえば、鉄がさびたり、蝋燭が燃えたり、ガソリンが燃えたりして、同じ元素が別の配置や組み合わせになって性質や構造の異なった新しい物質ができることを**化学変化**といい、このような変化が起こりうることがその物質の**化学的な性質**である。

木材が燃えることも化学変化の一例である。木材のおもな成分はセルロースという大きな分子で炭素Cや水素Hが含まれている。木材が燃えると、セルロースの分子は分解して二酸化炭素 CO_2 や水 H_2O などに変わってセルロースには戻らない。しかしその二酸化炭素や水に含まれるCやHやOはセルロースに含まれていたもので元素そのものは変化していない。

化学的な変化

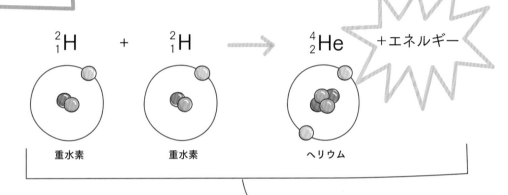

^2_1H $+$ ^2_1H $\longrightarrow$ ^4_2He ＋エネルギー

重水素　　　　　重水素　　　　　ヘリウム

原子核の変化には原子の構成の変化と元素の変化がある。たとえば、太陽の中心部での原子核の変化は、2つの重水素が融合してヘリウムという異なる元素になり莫大なエネルギーが発生する。

原子核の変化

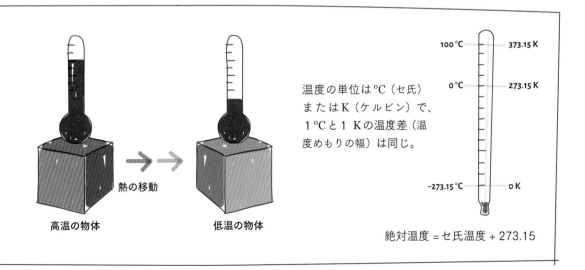

熱の移動

高温の物体　　　　低温の物体

温度の単位は℃（セ氏）またはK（ケルビン）で、1℃と1 Kの温度差（温度めもりの幅）は同じ。

100 ℃ — 373.15 K

0 ℃ — 273.15 K

-273.15 ℃ — 0 K

絶対温度 ＝セ氏温度 ＋ 273.15

物質とエネルギー

エネルギーとは、変化を起こすことのできる能力とも定義される。言い換えれば、エネルギーは、それがなければ自然には起こらないようなことを起こすために必要になるものである。エネルギーには質量も体積もないので物質とはみなされないけれども、物質を変化させる。エネルギー保存の法則によれば宇宙全体のエネルギーの総量は一定であって、エネルギーを作り出すことも消滅させることもできない。しかし、エネルギーはある形から別の形へと変化することができる。

物質の変化にはほとんどの場合、エネルギーの変化が伴う。物理的な変化に伴うエネルギーは小さい（0.5 ～ 45 kJ/mol）が、化学変化にはふつうはもっと大きなエネルギー変化（200 ～ 900 kJ/mol）を伴う。さまざまな形のエネルギーが物理的、あるいは化学的な変化の際に吸収されたり、放出されたりする。一方で原子核反応の場合には桁違いに膨大なエネルギー（1.0×10^8 ～ 2.0×10^{11} kJ/mol）が放出される。kJ/molという単位については31ページで詳しく説明する。

位置エネルギー

物体がある位置にあるときの重力によるエネルギーを位置エネルギーというが、化学エネルギー、核エネルギー、そして弾性エネルギーの形で物体が蓄えているエネルギーも含めて一般に位置エネルギー（ポテンシャルエネルギー）と呼ばれている。

エネルギーの形

エネルギーは変化をもたらす能力である。

運動エネルギー

運動エネルギーは文字通り運動に伴うエネルギーで、機械エネルギー、電気エネルギー、熱エネルギー、光や音のエネルギーなどがある。

機械エネルギー

物体の運動によるエネルギー

重力のエネルギー

重力に逆らって持ち上げられた物体に蓄えられたエネルギー

核のエネルギー

原子核内に蓄えられたエネルギー

熱エネルギー

高温の物質から伝達されるエネルギー

光のエネルギー

電磁波によって運ばれるエネルギー

化学エネルギー

化学結合に蓄えられたエネルギー

弾性エネルギー

弾性体の変形によって蓄えられたエネルギー

音のエネルギー

音波の振動によるエネルギー

電気エネルギー

電子が運ぶエネルギー

物質の計測

物質の変化には質量、体積、密度、温度、組成などの性質の変化を伴うことが多い。物質の変化に関係する観察や実験に際して、数量の計測を行うことは化学の本質である。科学者は、ある物質の特徴的な値を測定すると、その特徴の標準とされる値と比較して、その測定の正当性と再現性を確認する。このように数量の解析を伴う科学を定量的（144ページ参照）な科学と呼ぶ。

測定値の単位

化学の測定結果は、その測定値を標準的な値と比較するために正しい**単位をつけた数値**で表現する必要がある。

科学で使用される**国際単位系**（**SI**ともいう）では、光速や電気素量（25ページ）など座標系によらない基礎物理定数や固有の量を用いて定義された下に書いた7つの基本単位を決めている。そのような基礎物理定数は他の量では表せない。

〔訳注：SIだけで「国際単位系」という意味のフランス語であるが、日本ではこれをSI単位系と呼んでいる。〕

基本単位を組み合わせることで**組み立て単位**が定義される。面積や体積、速度などの単位の他、力の単位N（ニュートン）や圧力の単位Pa（パスカル）が組み立て単位である。人名に由来する単位の最初の文字は大文字で書く。

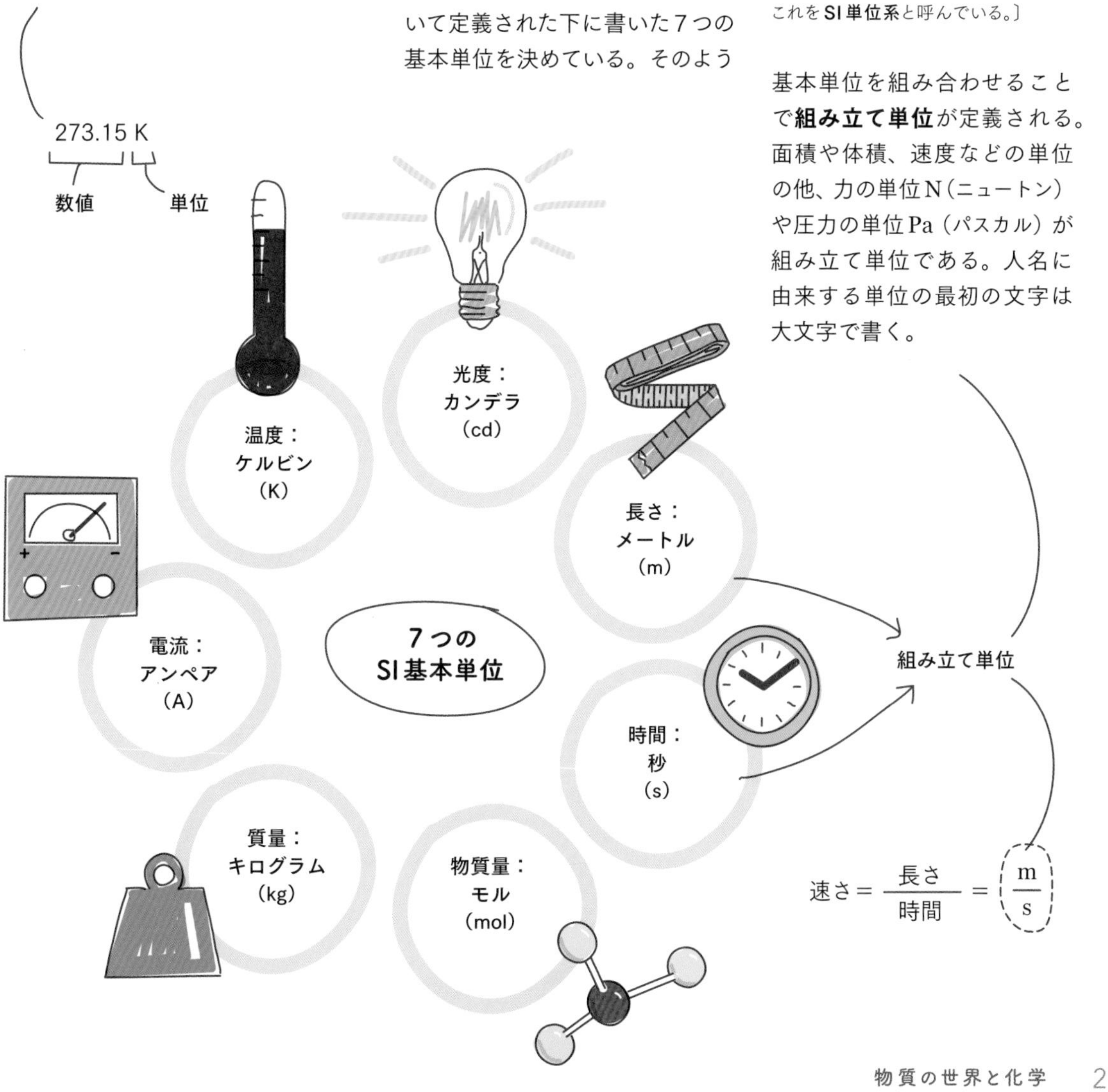

273.15 K

数値　単位

光度：
カンデラ
（cd）

温度：
ケルビン
（K）

長さ：
メートル
（m）

電流：
アンペア
（A）

7つの
SI基本単位

組み立て単位

時間：
秒
（s）

質量：
キログラム
（kg）

物質量：
モル
（mol）

$$速さ = \frac{長さ}{時間} = \frac{m}{s}$$

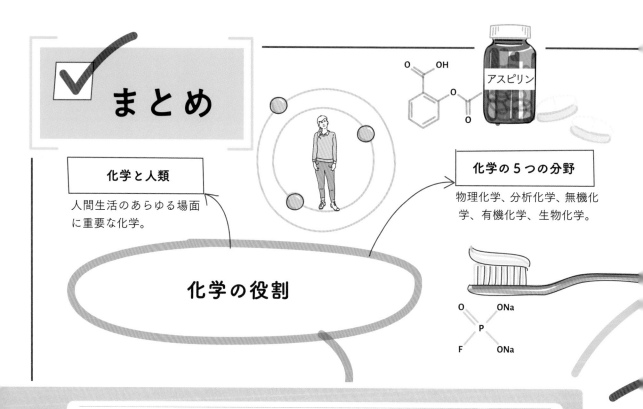

まとめ

化学と人類

人間生活のあらゆる場面に重要な化学。

化学の5つの分野

物理化学、分析化学、無機化学、有機化学、生物化学。

化学の役割

アスピリン

物質の世界と化学

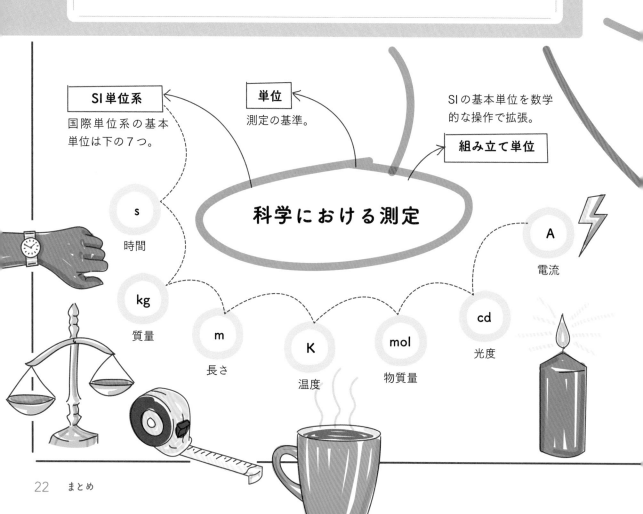

SI単位系

国際単位系の基本単位は下の7つ。

単位

測定の基準。

SIの基本単位を数学的な操作で拡張。

組み立て単位

科学における測定

- s 時間
- kg 質量
- m 長さ
- K 温度
- mol 物質量
- cd 光度
- A 電流

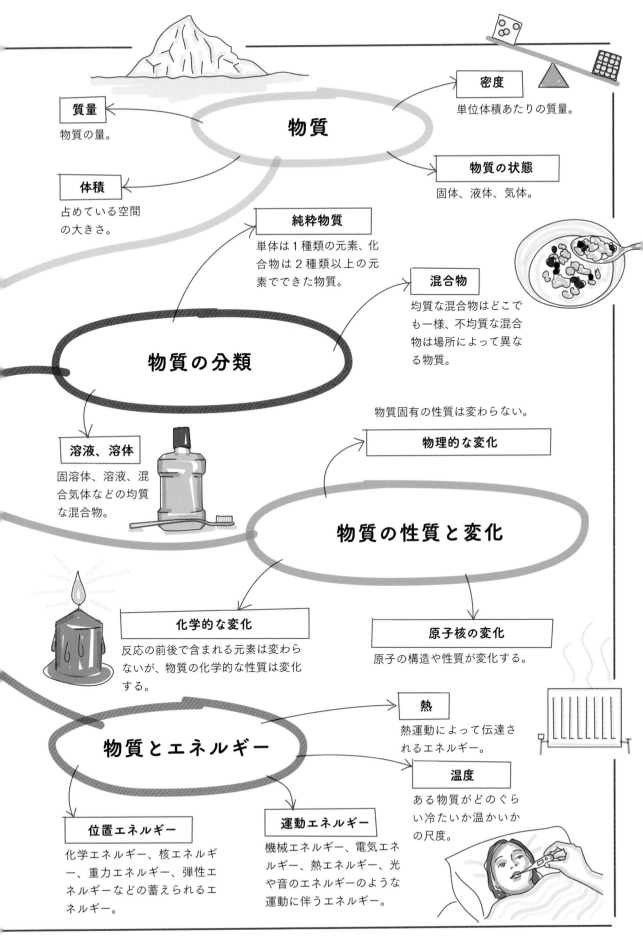

質量
物質の量。

物質

密度
単位体積あたりの質量。

物質の状態
固体、液体、気体。

体積
占めている空間
の大きさ。

純粋物質
単体は１種類の元素、化
合物は２種類以上の元
素でできた物質。

混合物
均質な混合物はどこで
も一様、不均質な混合
物は場所によって異な
る物質。

物質の分類

物質固有の性質は変わらない。

物理的な変化

溶液、溶体
固溶体、溶液、混
合気体などの均質
な混合物。

物質の性質と変化

化学的な変化
反応の前後で含まれる元素は変わら
ないが、物質の化学的な性質は変化
する。

原子核の変化
原子の構造や性質が変化する。

熱
熱運動によって伝達さ
れるエネルギー。

物質とエネルギー

温度
ある物質がどのぐら
い冷たいか温かいか
の尺度。

位置エネルギー
化学エネルギー、核エネルギ
ー、重力エネルギー、弾性エ
ネルギーなどの蓄えられるエ
ネルギー。

運動エネルギー
機械エネルギー、電気エ
ネルギー、熱エネルギー、光
や音のエネルギーのような
運動に伴うエネルギー。

原子とその構造

　自然界に存在する物質の基本的な構成要素は原子であり、物質を構成する原子の種類を元素という。身のまわりの物質の種類はあまりに多く簡単には数えられないけれども、それらは天然に存在するおよそ90種類の元素のうちの1つ、あるいは複数の元素でできている。物質の構成単位である原子とその構造を理解することは、物質とその働きを理解するための基本である。90種類も、と思うかもしれないが、化学の理解のために重要な元素はそれほど多くはない。すべての原子の一般的な構造はよく似ているものの原子を構成する原子核や電子の組み合わせは原子ごとに異なっていて、それによって原子の特徴的な性質が決まっている。

〔訳注：2023年現在、118番目の元素まで命名されているが、93番目以降は人工放射性元素であり、天然の放射性元素である43番目のテクネチウムと61番目のプロメチウムを除く90種類が自然界に存在している。〕

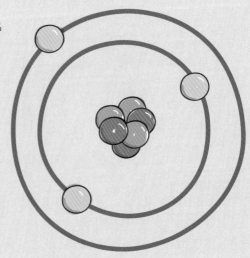

原子模型の歴史

アリストテレスの影響で、古代のギリシャ人たちは、すべての物質は土、火、水、そして空気の4つの基本物質が異なる量で構成されたものであると信じていた。紀元前5世紀に、レウキッポスとその弟子のデモクリトスは、水たまりの水が小さな水滴に分けられるように、物質も粒子のようなものでできていると提唱した。その水滴はどんどん小さく、見えなくなるほどまで分けることができる。レウキッポスは、それ以上小さくは分けられないという水の究極的な粒子があるに違いないと考えた。デモクリトスはその小さな粒子を「atomosアトモス」（ギリシャ語で切り分けられないという意味）と呼んだ。現在私たちはそれをatom（原子）と呼んでいる。

イギリスの化学者で気象学者であったジョン・ドルトン（1766-1844）は、原子は分割できない**固体の球**であって、すべての単体は同じ原子でできていると考えた。

アーネスト・ラザフォード（1871-1937）がはじめて現在のような原子の模型を提唱した。彼は**原子の中心に高密度の正電荷**があり、それがほとんど空っぽに近い電子の雲で囲まれているということを実験によって発見した。

オーストリアの理論物理学者、エルヴィン・シュレーディンガー（1887-1961）は、電子はそのエネルギーに応じて原子核のまわりの3次元的な**軌道関数**で表現できるという現在の電子雲モデルを展開した。これが現在認められている原子の構造であり、量子理論の基礎となっている。このモデルでは電子は波としてふるまっていて原子の中での正確な位置を知ることはできない。

ジョセフ・ジョン・トムソン（1856-1940）は電子の存在を発見し、原子は正電荷の母体に負電荷の粒子を埋め込んだものであるという考えに至った。正電荷のプディングで囲まれたプラムのような電子というこの原子模型は**プラムプディングモデル**と呼ばれている。

〔訳注：物質や粒子がもつ電気の量を電荷という。電荷には正負があり、電子1個の電荷の大きさの絶対値を電気素量（用語集参照）と呼ぶ。〕

ニールス・ボーア（1885-1962）は、電子は原子核のまわりの**円軌道**を回っていると述べた。彼は1個の原子の中の複数の電子はそれぞれ異なるエネルギーの円軌道に束縛されていると考えた。

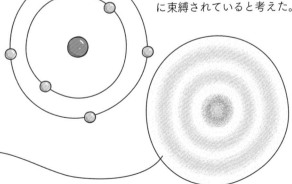

化学の基本法則

物質の原子論的な見方は18世紀の初めまでは理解されにくかったが、この時代に好奇心の旺盛な、多くは裕福な人々が趣味として実験や観察をすることによって、物質が原子でできていることへの理解が進んだ。新しく発見された元素の化学的な性質は、公開の場での化学反応の実験を通してさらに詳しく研究された。元素に関する知識や化学的なデータが集められて、やがて物質の化学的な構成に関する重要な法則の発見へとつながった。

質量保存の法則は化学反応の際に質量が作り出されたり、破壊されたりすることはないと述べている。たとえば、ある質量の水素と酸素が反応して水になるとき、でき上がった水の質量は反応した水素と酸素の質量の合計に等しい。

質量保存の法則

定比例の法則によれば水 H_2O のような化合物はいつも同じ元素を同じ質量比で含んでいる。それは試料の総量や試料の由来などにはよらない。川の水であろうが、雨水であろうが、水道水であろうが、水分子はいつも水素 2 原子と酸素 1 原子でできていて、水に含まれる水素と酸素の質量比は1：8である。

定比例の法則

倍数比例の法則は、もし 2 種類の元素が異なる割合でも化合物になるならば、それらの化合物は異なる物質であると述べている。窒素 1 原子と酸素 1 原子からは一酸化窒素 NO ができ、窒素 1 原子と酸素 2 原子からは二酸化窒素 NO_2 ができる。このように同じ元素の組み合わせでも割合が違えばできた化合物は異なる物質である。

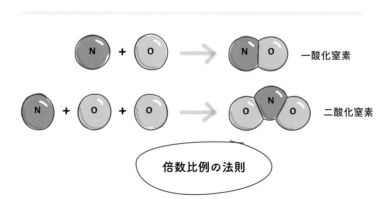

倍数比例の法則

原子の構造

ジョン・ドルトンは、それまでの研究、特に化合物に関係する注意深い実験と思考を重ねて、近代的な原子論を初めて発表した。彼は、単体はすべて同じ原子でできているが、そのような原子が化学的に結合して化合物を作ることもあると述べた。ドルトンは単体と化合物の違いをはっきりと説明していて、彼が提唱した４つの考え方のうちの２つは今日でも修正の必要なく正しい。しかし、原子１個はそれ以上分けられないという考えと、単体の中のすべての原子があらゆる点で同一であるという考えは正しくないことが分かって修正されている。

ドルトンの原子論は初期の実験の結果を支持したけれども、原子そのものの構造に関しては明らかにならなかった。しかしやがてそれを明らかにする決定的な発見があった。

近代の原子模型の中央部分には原子の質量のほとんどを担う**原子核**があり、その中には**核子**（陽子と中性子）がある。電子は原子核の外側の大きな空間に**電子雲**となって存在し、原子の大部分は何もない空間である。

電子と陽子の数が等しいので**原子は電気的に中性**になっている。下の図のリチウム原子には３つの電子と３つの陽子がある。

電子殻と呼ばれる同心球殻に電子が存在し、各殻の電子のエネルギーは原子核からの距離によって異なり、原子核からの距離が大きいほど大きい。

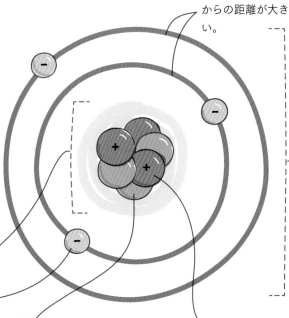

ふつうの原子の大きさはおよそ10^{-10} m。

原子核の大きさはおよそ10^{-14} m。

電子は原子核の外側にある基本粒子で、電荷は負である。原子の世界では電子の電荷の大きさを電荷の単位にするので、電子の電荷は-1、質量は約$9.1×10^{-31}$ kg、大きさは約10^{-18} mである。図や式の中では電子をe^-と書く。

中性子は原子核の中にあって電荷はなく、質量は約$1.6749 × 10^{-27}$ kg、大きさは約10^{-15} mである。図や式の中では中性子をnと書く。

陽子も原子核の中にあって電荷は+1、質量はおよそ$1.6726×10^{-27}$ kg、大きさはおよそ10^{-15} mである。図や式の中では陽子をp^+と書く。

メンデレーエフと周期表

ロシアの化学者で発明家でもあったドミートリ・イヴァノーヴィッチ・メンデレーエフ（1834-1907）は、1869年に元素の物理的、あるいは化学的な性質と原子の質量との関係が周期的になっているという「周期律」を提唱した。言い換えれば、メンデレーエフは、原子の質量が他のすべての性質の周期性を決める主要なパラメーターであることに気がついていた。当時、63種類の元素が知られていて、メンデレーエフは原子の質量にしたがってそれらを周期表に並べた。現代の周期表では原子の中の陽子の数（原子番号）が原子の周期性を決める主要なパラメーターになっている。

メンデレーエフの周期表

			Ti 50	Zr.........90	?.........180	
			V 51	Nb 94	Ta....... 182	
			Cr 52	Mo 96	W 186	
			Mn 55	Rh ...104.4	Pt ...197.4	
			Fe 56	Ru ...104.4	Ir 198	
			Ni, Co... 59	Pd ...106.6	Os 199	
H.............1			Cu 63.4	Ag 108	Hg..... 200	
	Be 9.4	Mg 24	Zn 65.2	Cd 112		
	B 11	Al 27.4	?...........68	Ur 116	Au 197	
	C 12	Si 28	?...........70	Sn 118		
	N...........4	P 31	As 75	Sb 122	Bi 210	
	O..........16	S 32	Se 79.4	Te ...... 128 ?		
	F...........19	Cl ...35.5	Br.........80	I 127		
	Na........ 23	K 39	Rb 85.4	Cs.........133	Tl 204	
		Ca 40	Sr 87.6	Ba 137	Pb 207	
		?...........45	Ce .. 92			
		?Er .. 56	La....... 94			
		?Y 60	Di......... 95			
		?In 75.6	Th 118			

原子の質量にしたがって並べられたメンデレーエフの元素周期表。

初めての周期表で空欄となっていた8つの欄にはその質量と性質が予言されていた。

元素のうちのいくつかはメンデレーエフの予想には合わなかったので、彼は質量が正しく測定されていなかったのだろうと考えた。のちになって確かにその通りだったことがわかった。

初めて元素の周期表を提案したドミートリ・メンデレーエフ

現代の周期表

現代の周期表には118種の元素が
その陽子の数、すなわち**原子番号**
にしたがって並んでいる。メンデ
レーエフ以降の科学の発展によ
って原子番号が元素の性質を決
めていることが確定した。

周期表にはさまざまな表記法があ
るが、それぞれの欄には**元素記号**、
元素名、**原子番号**、**原子量**が記入
されている。周期表の詳細な内
容については第5章で学ぶ。

原子番号 元素を決定している
陽子の数。

元素記号 ラテン語や英語の元
素名の頭文字、あるいは頭文字と
その他の1文字の組み合わせから
とられた記号。

元素名 元素の名称。

原子量 元素と、その既知の同
位元素（30ページ）の質量の存
在比による加重平均値で、単位
は amu（原子質量単位、1 amu =
$1.660\,540\,2 \times 10^{-27}$ kg）。

7
N
窒素
14.00674

〔訳注：陽子6個、中性子6個を含む炭素
1個の質量の1/12が1amuに等しい。最
近ではu（統一原子質量単位）が使われる
ことも多いが、数値はamuの場合と同じ
である。〕

1 H																	2 He
3 Li	4 Be											5 B	6 C	7 N	8 O	9 F	10 Ne
11 Na	12 Mg											13 Al	14 Si	15 P	16 S	17 Cl	18 Ar
19 K	20 Ca	21 Sc	22 Ti	23 V	24 Cr	25 Mn	26 Fe	27 Co	28 Ni	29 Cu	30 Zn	31 Ga	32 Ge	33 As	34 Se	35 Br	36 Kr
37 Rb	38 Sr	39 Y	40 Zr	41 Nb	42 Mo	43 Tc	44 Ru	45 Rh	46 Pd	47 Ag	48 Cd	49 In	50 Sn	51 Sb	52 Te	53 I	54 Xe
55 Cs	56 Ba	57–71	72 Hf	73 Ta	74 W	75 Re	76 Os	77 Ir	78 Pt	79 Au	80 Hg	81 Ti	82 Pb	83 Bi	84 Po	85 At	86 Rn
87 Fr	88 Ra	89–103	104 Rf	105 Db	106 Sg	107 Bh	108 Hs	109 Mt	110 Ds	111 Rg	112 Cn	113 Nh	114 Fl	115 Mc	116 Lv	117 Ts	118 Og

原子番号57か
ら71まで、およ
び89から103ま
での拡張部分

57 La	58 Ce	59 Pr	60 Nd	61 Pm	62 Sm	63 Eu	64 Gd	65 Tb	66 Dy	67 Ho	68 Er	69 Tm	70 Yb	71 Lu
89 Ac	90 Th	91 Pa	92 U	93 Np	94 Pu	95 Am	96 Cm	97 Bk	98 Cf	99 Es	100 Fm	101 Md	102 No	103 Lr

- アルカリ金属元素
- アルカリ土類金属元素
- 遷移元素（遷移金属）
- その他の金属元素
- 半金属元素
- その他の非金属元素
- ハロゲン元素
- 貴ガス元素
- ランタノイド
- アクチノイド

イオンと同位元素

陽子と電子の数が等しい原子は全体としての電荷は中性である。しかし、陽子と電子の数が等しくなくなれば原子には電荷が生じて「イオン」となる。また、同じ原子番号で陽子数も電子数も等しくても中性子の数が異なる元素があり、「同位元素」と呼ばれている。

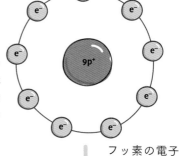

フッ素Fの原子には9個の電子と9個の陽子があって中性。

イオン

電子の数が陽子の数よりも少なくなれば、原子の電荷は全体として正になる。この状態の粒子を**陽イオン（プラスイオン）**という。図の中のe⁻は電子、p⁺は陽子。

電子の数が陽子の数よりも多くなれば、原子の電荷は全体として負になる。この状態の粒子を**陰イオン（マイナスイオン）**という。

フッ素の電子が10個になれば陰イオンF⁻になる。

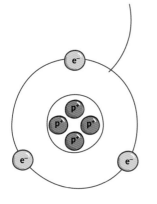

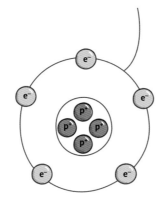

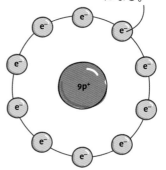

同位元素

同じ原子番号の原子でも、中性子数が異なると質量が違う。たとえば水素の場合には3種類の同位元素がある。同位元素の存在する元素は多く、安定な同位元素も不安定なものもある。ここで「安定な」とは自然には状態が変化しない、という意味である。不安定な同位元素は、3章で詳しく説明するように安定になるまで状態が自然に変化する。陽子の数と中性子の数の和を質量数という。同位元素によって異なる質量を自然界に存在する割合（存在比という）によって加重平均した原子量が周期表に書かれている。

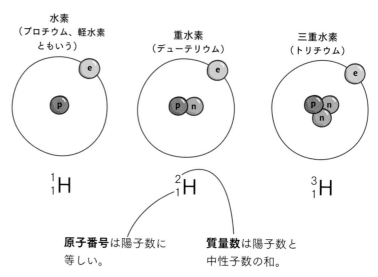

水素
（プロチウム、軽水素ともいう）

重水素
（デューテリウム）

三重水素
（トリチウム）

$^{1}_{1}H$　　　　$^{2}_{1}H$　　　　$^{3}_{1}H$

原子番号は陽子数に等しい。

質量数は陽子数と中性子数の和。

モルとモル質量

とても小さくて実験室では扱いにくい原子やイオンや分子の計量には、SI単位系の mol（モル）が使われる。1 mol は原子番号6、質量数12の炭素Cの原子がちょうど12 g になる原子の数に等しい。この数は6.022×10^{23}で「アボガドロ数」と呼ばれている。1 mol の物質を g を単位として測った質量を「モル質量」と呼び、その単位は g/mol と書く。20ページで紹介した kJ/mol は1 mol の物質を物理的、あるいは化学的に変化させるために必要なエネルギーの単位である。

〔訳注：厳密に定義された$6.022\,140\,76 \times 10^{23}$ /mol は SI単位系でアボガドロ定数と呼ばれている。〕

1個の原子の質量を測る単位は amu（原子質量単位、29ページ）である。原子は小さいのでこの単位はとても小さい。分子1個の質量は含まれている原子の周期表に記載された原子量の合計になる。

実験室では個々の粒子ではなく6.022×10^{23}個の粒子を含む 1 mol という単位で物質を扱う。純粋な物質の1 mol の中には、その粒子がアボガドロ数個含まれている。水のモル質量は18.015 g/mol である。

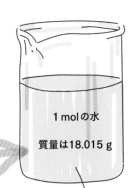

1 mol の水

質量は18.015 g

酸素原子1個の質量は 15.999 amu。

水素原子1個の質量は 1.008 amu、2個ならば 2.016 amu。

6.022×10^{23}個の水分子

1 mol の水にはおよそ6.022×10^{23}個の水分子が含まれている。1 mol の水の質量は18.015 g である。

水分子1個の質量は含まれている原子の質量の和なので18.015 amu である。

10円硬貨が 1 mol あれば 6,022,140,760,000,000,000,000,000円

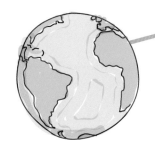

厚さ1.5 mm の硬貨をアボガドロ数個も積み上げると高さは 9×10^{17} km。地球から月まで行っても片道 380,000 km しかない。

まとめ

電子の円軌道

ボーア（1913）。

中心は原子核

ラザフォード（1911）。

プラムプディングモデル

トムソン（1904）。

原子模型の歴史

固体球モデル

ドルトン（1803）。

雲状になった電子

シュレーディンガー（1926）。

原子とその構造

モルとモル質量

初めて周期表を提案し（1869）、当時見つかっていなかった元素を予言した。

ドミートリ・メンデレーエフ

アボガドロ定数

1 mol あたりの粒子の数、6.022×10^{23}/mol。

モル質量

1 mol の純粋物質の質量をgの単位で測る。

118種の既知の元素を原子番号順に並べた表。

周期表

mol（モル）

アボガドロ定数を単位として測った物質量。

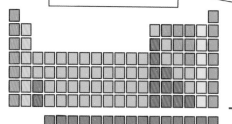

質量は作り出されないし破壊もされない（ラボアジエ、1774年）。

質量保存の法則

定比例の法則

化合物になる元素の組み合わせの比は決まっている（プルースト、1799年）。

化学の基本法則

倍数比例の法則

同じ元素でも異なる比で組み合わさった化合物は異なる物質である（ドルトン、1802年）。

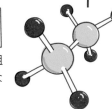

電子殻

各殻の電子のエネルギーは決まっている。

電子

原子核の外側に存在する負電荷の基本粒子。

原子の構造

陽子

原子核の中に存在する正電荷の基本粒子。

中性子

原子核の中に存在する電荷のない基本粒子。

原子核

原子の中心にあって原子の質量のほとんどを担っている。

陽イオン

原子が電子を放出して陽子数よりも電子数が少なくなった粒子。

イオンと同位元素

原子の中の陽子の数。

原子番号

陰イオン

原子が電子を受け取って陽子数よりも電子数が多くなった粒子。

同位元素

陽子の数は同じで中性子の数の違う元素。

メンデレーエフと周期表

周期

周期表の中で横に並んだ行。

族

周期表の中で縦に並んだ列。

原子核の化学

　この章では物質の構成単位である原子の中心にある原子核の世界をのぞいてみよう。原子核に陽子や中性子、あるいは別の原子核が衝突すると、標的となった原子核の中の陽子や中性子の数が変化し、元素の種類が変わることもある。不安定な同位元素は放射線を放出して自然に安定な元素に変化する。原子核から自然に放射線が放出される現象や性質を「放射能」と名づけたのはマリー・キュリー（1867-1934）で、放射能をもつ物質が放射性物質である。1896年にアンリ・ベクレル（1852-1908）がウラン鉱石から出る放射線を発見、さらにキュリー夫妻がトリウムやポロニウムなどの放射性物質を発見した。

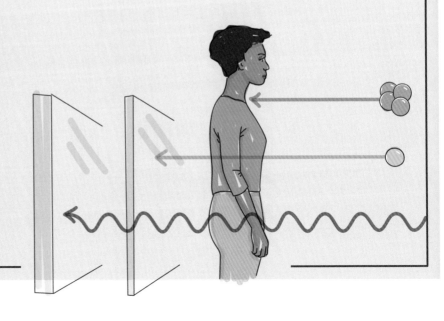

原子核

原子の中心にある原子核は原子の体積のごくわずかな部分にすぎないが、そこには原子を特徴づける陽子と中性子が詰まっている。正電荷の陽子どうしがごく近い距離にあるので、静電気力による反発で原子核が破壊されるのではないかと考えたくなるけれども、実際には「核力」と呼ばれる強い引力が陽子と中性子の全体をまとめているのでばらばらにはならない。原子核の中の陽子と中性子の数の比は核力の強さに直接影響を与え、その原子核が「安定」であるか「不安定」であるかを決めている。

核力

核力は極めて強い引力で、陽子と中性子のようなごく近くに存在する核子間に働いている。原子核の中で働く核力は陽子間の反発力をしのぎ、原子核が、さらには原子が壊れないようにしている。核力は自然界の力の中で最強で、中性子にも陽子にも同じように働くが、力の到達する距離はとても短い。

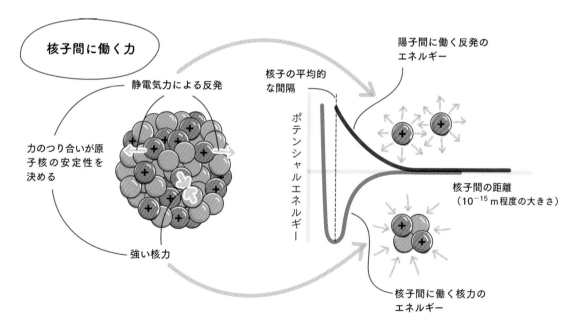

右上の図の核子間の距離の減少とともにポテンシャルエネルギーが急激に減少している部分で核力は大きな引力として働き、核子どうしは互いに接近する。しかし核子間の距離が平均的な値より小さくなると核力は反発力になるのでそれ以上は近づけない。また核子が2.0×10⁻¹⁵ m程度以上離れると核力は働かず、陽子間の反発力だけになる。核力の働きによって、原子核では陽子と中性子が結合して安定になっているが、安定に存在できる核子数の範囲を超えると、分裂して複数の小さな原子核になった方が安定である。その分裂の際に放出されるエネルギーが後で述べる原子力発電に利用されている。

原子核の安定性

原子核が安定か不安定かは核の中で働く力のつり合いによっていて、陽子と中性子の数に関係している。

自然に放射線を放出して崩壊する不安定な同位元素を**放射性同位元素**という。

38ページ以降で詳しく説明するように、不安定な同位元素は放射線を放出して自然に崩壊し、より安定な別の原子核に変化する。これを**放射性崩壊**という。

放射性崩壊によって元の原子とは陽子や中性子の数が変わった別の原子ができるが、まだ不安定である場合には、最終的に安定な原子になるまでさらに崩壊を繰り返す。

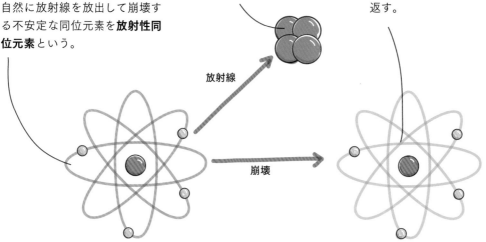

放射線

崩壊

核子の少ない原子核では、陽子と中性子数がほぼ等しいときに安定である。核子が多くなると陽子どうしの反発力が大きくなるので、中性子数の多い方がより安定になる。下図の安定帯より下の同位元素は陽子の数が多すぎて不安定なので、陽電子を放出するか、電子を捕獲して陽子の1つが中性子に変わり、より安定な原子核へ変化する。安定帯より上の中性子数の多すぎる同位元素も不安定で、ベータ崩壊によって中性子の1つが陽子に変わり、より安定な原子核になる。

原子番号82までの元素には安定な同位元素の存在が確認されている。しかし83以降はすべて不安定で、そのような同位元素の多くはアルファ崩壊によって原子番号が2小さい原子核へと変化する。ベータ崩壊や陽電子の放出、電子の捕獲によって変化するものもある。

自然に存在する1,000を超える同位元素の中で、原子番号が1から82までのおよそ250種は安定である。それらの存在する原子番号と核子数の範囲を**安定帯**と呼ぶ。

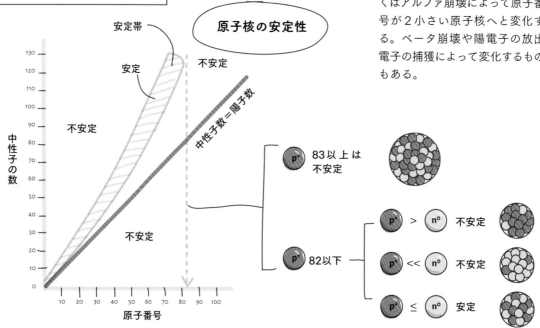

原子核の結合エネルギー

原子核の結合エネルギーE_bは、原子核の陽子と中性子をすべてばらばらにするために必要なエネルギーで、安定な原子核では大きく、不安定な原子核では小さい。

原子核の質量は、その中の陽子と中性子の合計質量よりは常に少し小さい。この差を**質量欠損**と呼び、Δmと書くことが多い。ここでΔ（デルタ）はその後に書かれたもの、ここではmのわずかな差という意味である。この質量の差は、アインシュタインによる質量とエネルギーと光速の関係を示す右上の式によって、結合エネルギーに変換され放出される。この式のcは光速で$2.997\,924\,58 \times 10^8$ m/sと定義されている。

質量欠損はエネルギーに変換されて失われた質量である。

結合して原子核になると質量は減少

$$E_b = \Delta m \times c^2$$

ばらばらの核子の合計質量は大きい

リチウム7

7.016005 amu

7.05658 amu

$$\Delta m = 7.05658 - 7.016005 = 0.040575 \text{ (amu)}$$

原子核の核子1個あたりの結合エネルギーは核子数によって変化し、質量数の小さい原子核では核子数の増加とともに結合エネルギーは増加して最大値は質量数56の鉄の付近にある。質量数が小さければ、核力が陽子間の静電気力より強く働き、鉄よりも質量数が大きくなると、陽子間の反発の影響が大きくなって結合エネルギーは徐々に減少する。右のグラフのエネルギーの数値は原子核の分野で使われる MeV（メガ電子ボルト）という単位である。

核子1個あたりの原子核の結合エネルギー

^{56}Fe は自然界で最も安定な原子核

この付近の原子核がもっとも安定

核子の数（質量数）

結合エネルギーの合計が鉄よりも小さい2つの原子核が融合すると鉄の質量数を超えない1個の原子核になり、余った結合エネルギーを放出する。この結合エネルギーの最大値が鉄の付近なので、恒星の中心部での核融合でも鉄より重い元素は合成されない。重い元素の起源として超新星爆発などが考えられている。

鉄よりも質量数が大きくなると、核子の数の増加につれて1個あたりの結合エネルギーは少しずつ減少する。したがって核子の数の少ない同位元素に分裂すれば合計の結合エネルギーが大きくなり、大きなエネルギーを放出することになる。

原子核の崩壊

原子核反応が起きると、原子核の中の陽子や中性子の数が変わる。すると、同じ原子の別の同位元素になったり、まったく別の元素になったりする。この変化は「原子核の崩壊」（あるいは「壊変」）と呼ばれ、自然に起こったり、粒子加速器の中で制御された状態で人工的に起こったりする。

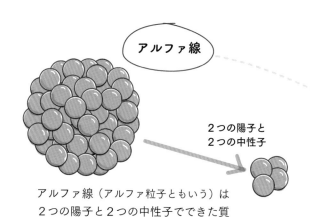

アルファ線（アルファ粒子ともいう）は2つの陽子と2つの中性子でできた質量数4のヘリウムの原子核である。

自然崩壊

自然崩壊（放射性崩壊）は、自然界に存在する不安定な同位元素が自然に崩壊する現象である。放射性同位元素は崩壊の際に**アルファ線**や**ベータ線**、あるいは**ガンマ線**と呼ばれる放射線を出して、より安定な元素、あるいは同位元素に変化する。

日常生活においても放射線に暴露する可能性がある。食べもの、吸い込む空気、あるいは環境から、放射線は体内に取り込まれる。自然の放射線源に由来するものもあれば、放射線を使った画像診断や治療のような医療活動による人為的なものもある。

野菜などの食べものを経由して人間の体内に入ってくる自然の放射線は内臓組織にダメージを与える場合もあって危険であるが、通常の食品では基準値が決められていて流通の段階で検査され、超過していれば回収、出荷制限がかけられる。

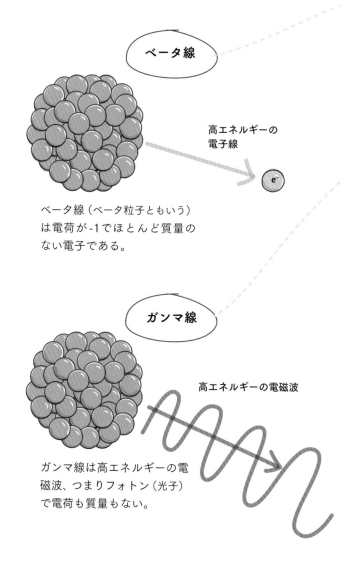

ベータ線（ベータ粒子ともいう）は電荷が-1でほとんど質量のない電子である。

ガンマ線は高エネルギーの電磁波、つまりフォトン（光子）で電荷も質量もない。

放射線はエネルギーの形態の1つである。ガンマ線はきわめてエネルギーの高い電磁波であって、物体を透過しやすい。ベータ線の透過性はやや弱く、アルファ粒子は3種類の放射線の中ではもっとも透過しにくい。ガンマ線とベータ線は人体も容易に透過する。

自然の放射線の例の1つはラドンRnである。ラドンは空気より重い気体で、岩石や土壌中、建物の地下などに多い。高濃度のラドン222を含む空気を吸収すると、気管支や肺の内部でアルファ粒子を放射してポロニウム218に変わる（40ページ）。アルファ粒子

に被曝すると特に肺の組織がダメージを受けて、肺癌の原因になる可能性があると言われている。屋内のラドンの分布は住環境によって地域差があり、アメリカ大陸やヨーロッパ北部に多い。

〔訳注：日本語の元素名のあとの数字は質量数を表し、元素記号の左上の数字は質量数、左下は原子番号である。〕

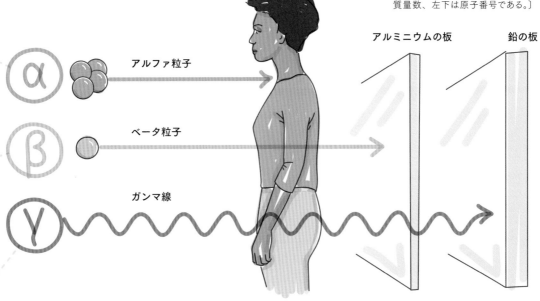

人工壊変

自然には起こらない原子核の人工的な壊変は、粒子加速器のような特別な装置の中で高エネルギーの粒子と原子核が衝突することによって誘発される現象である。1919年、アーネスト・ラザフォードは、放射性元素であるラジウムから放出されるアルファ粒子を窒素14の原子核に衝突させると、不安定なフッ素18の原子核を経て、酸素17の原子核と水素の原子核（陽子）に変わることを確認した。これが初めての原子核の人工壊変であった。

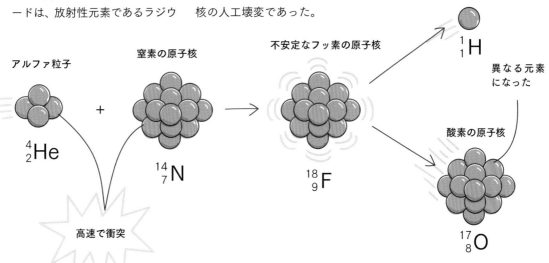

原子核反応

原子核反応を表現する式を見てみよう。原子核反応ではもとの原子核（親核）は粒子を放出（崩壊反応）、あるいは吸収（捕獲反応）して娘核に変わる。核融合では2つの軽い親核が衝突して融合し、重い娘核になる。核分裂では重い親核が2つ以上の軽い娘核に変わる。核融合も核分裂も粒子かガンマ線、あるいは両方の放出が同時に起こる。原子核反応の反応式では質量数と原子番号が保存されなければならない。原子番号は陽子の数、つまり電子の数でもあって、これは反応において電荷の合計は変化しないということである。

〔訳注：電子やアルファ粒子などを表す文字の左上は原子質量単位の質量、左下は電気素量を単位とする電荷とその符号で、電子と陽電子の質量は無視できる。〕

原子核のいろいろな反応

原子核反応では、親核からの粒子の放出やガンマ線の放射、親核による粒子の捕獲などがある。

(+)(+)	アルファ粒子：原子核から放出されるヘリウムの原子核。	$^{4}_{2}\alpha = {}^{4}_{2}\text{He}$
(−)	ベータ粒子：原子核の中性子の1個が陽子と電子に変わって放出される電子。	$^{0}_{-1}\beta = {}^{0}_{-1}\text{e}$
(+)	陽電子：原子核から放出される粒子、質量は電子と同じで電荷は正。	$^{0}_{+1}\beta = {}^{0}_{+1}\text{e}$
(+)	陽子：特別な実験条件のもとで作られる水素の原子核。	$^{1}_{1}\text{H} = {}^{1}_{1}\text{p}$
( )	中性子：原子炉で作られる粒子、電荷がなくて質量は陽子とほぼ同じ。	$^{1}_{0}\text{n}$
〰	ガンマ線：原子核から放出される高エネルギーの電磁波。	$^{0}_{0}\gamma$

原子核反応の式

崩壊反応では親核が粒子か電磁波を出して娘核に変わる。たとえば、ラドン222のアルファ崩壊では、親核はアルファ粒子を放出して娘核ポロニウム218に変わる。

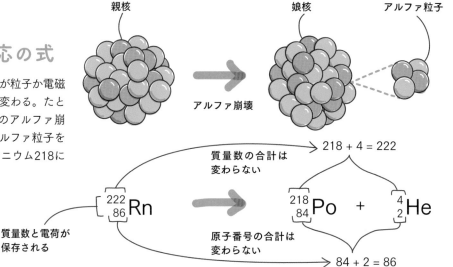

親核　　　　　娘核　　　アルファ粒子

アルファ崩壊

質量数の合計は変わらない

218 + 4 = 222

$^{222}_{86}\text{Rn}$ → $^{218}_{84}\text{Po}$ + $^{4}_{2}\text{He}$

質量数と電荷が保存される

原子番号の合計は変わらない

84 + 2 = 86

捕獲反応では、軌道の電子を捕獲した原子核の陽子が中性子に変わる。恒星の内部では中性子を捕獲して原子核はより重い元素に変わる。

放射性同位元素であるベリリウム 7 は原子核にもっとも近い電子を 1 つ捕獲する。負電荷の電子は正電荷の陽子の 1 つと結合して中性子に変わる。原子番号が 1 つ減ってリチウム 7 の安定な原子核になる。

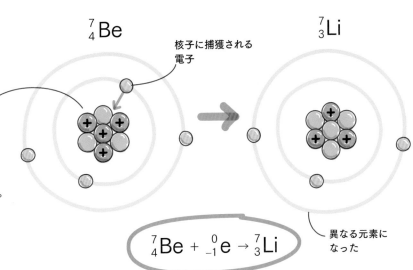

^7_4Be

核子に捕獲される電子

^7_3Li

異なる元素になった

$$^7_4\text{Be} + ^0_{-1}\text{e} \rightarrow ^7_3\text{Li}$$

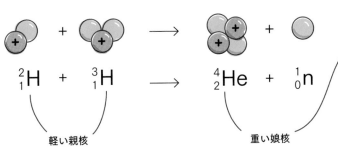

^2_1H + ^3_1H $\longrightarrow$ ^4_2He + ^1_0n

軽い親核

重い娘核

核融合反応では、2 つの軽い親核が結合して 1 つの重い娘核と大量のエネルギーを放出する。たとえば水素の同位元素である重水素と三重水素が核融合をすると重い原子核ヘリウム 4 が作られる。ただし、このような核融合反応には恒星内部のような超高温、超高圧、高密度が必要で地球上ではこのエネルギーを利用するには至っていない。

核分裂反応では、たとえばウラン235のような重い親核に中性子が衝突すると 2 つの軽い娘核バリウム144とクリプトン90に分裂する。このような核分裂の過程で放出される大量のエネルギーは制御しながら原子力発電に利用されている。

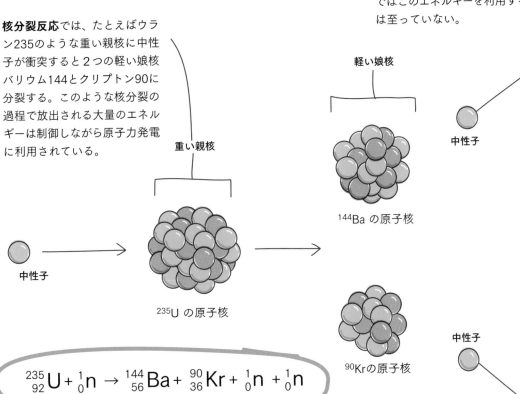

軽い娘核

中性子

^{144}Ba の原子核

重い親核

中性子

^{235}U の原子核

^{90}Krの原子核

中性子

$$^{235}_{92}\text{U} + ^1_0\text{n} \rightarrow ^{144}_{56}\text{Ba} + ^{90}_{36}\text{Kr} + ^1_0\text{n} + ^1_0\text{n}$$

半減期と放射性同位元素の利用

放射性同位元素の原子核は不安定なので、放射性崩壊によって別の原子核に変わる。ある量の放射性同位元素の半分が崩壊して娘核に変わるまでの時間を「半減期」といい、半減期は同位元素によって決まっている。1回の崩壊で安定な原子核になるものもあるが、娘核が安定でなければ安定な原子核になるまでさらに崩壊を繰り返す。

半減期

個々の放射性同位元素の原子核の崩壊がいつ起こるかは予測できない。しかしある量の同位元素が自然崩壊をして最初の量の半分になるまでの時間は同位元素の種類によって決まっていて、その時間の長さが半減期である。たとえばヨウ素131がベータ崩壊をしてキセノン131になる原子核崩壊の半減期は8日間である。

^{131}I の試料が20gあるとしよう。半減期の8日が経つと、元の試料のうち10gが残っていて、あとは安定な気体の^{131}Xeになってしまう。次の8日間が経過する間に残った10gのうちの半分が崩壊するので、初めから16日後には^{131}Iは5gになっている。

ヨウ素は人体の必須ミネラル（81ページ）の1つであるが、放射性のヨウ素131は甲状腺癌の治療に使われる。ヨウ素131は半減期が短いので人体に長くとどまらず、医療用に適している。

患者があらかじめ決められた量のヨウ素131を経口で摂取するとヨウ素131は消化管の壁から吸収されて血流に入る。

このマークは放射線を取り扱う施設などに掲示されるハザード標識。

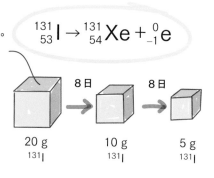

$$^{131}_{53}\text{I} \rightarrow {}^{131}_{54}\text{Xe} + {}^{0}_{-1}\text{e}$$

20 g
^{131}I

8日

10 g
^{131}I

8日

5 g
^{131}I

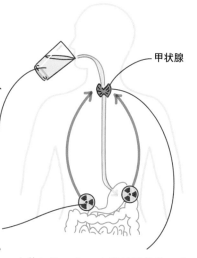

甲状腺

人体に入ったヨウ素は甲状腺に蓄積されるので、摂取されたヨウ素131も容易に取り込まれる。

ヨウ素131はベータ線を出して崩壊するので、健康な細胞に与えるダメージを最小限にしつつ、そのベータ線によって周囲の癌細胞を破壊できる。

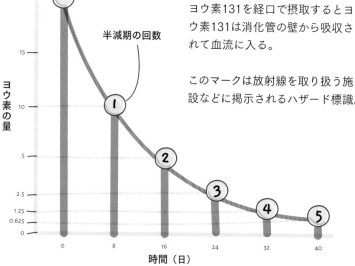

半減期の回数

ヨウ素の量

20

15

10

5

2.5
1.25
0.625
0

0   8   16   24   32   40

時間（日）

放射性同位元素の半減期は1秒以下というものもあれば、何億年というものもある。たとえば、クリプトン101の半減期は1秒の1000万分の1、ウラン238の半減期は45.1億年である。

画像診断などの医療に使用するときには半減期は必要以上に長くない方がよいし、年代測定に利用するときには歴史の長さと比較できる半減期の長さが必要である。このように放射性同位元素の応用の可能性を決める最大の要因は半減期の長さである。

放射性同位元素	半減期	用途
テクネチウム99	6時間	脳、肝臓、肺、腎臓の画像診断
鉄59	45日	貧血の検出
フッ素18	110分	陽電子放射断層撮影法のトレーサー
コバルト60	5.3年	放射線による癌の治療
ウラン235	7.04億年	原子力発電
炭素14	5,730年	考古学的年代測定
セシウム137	30年	癌の治療

核医学

半減期の短い放射性同位元素は、医療において診断や治療に使われている。比較的弱い同位元素は**トレーサー**として画像診断に使われ、もっと強い同位元素は癌化した組織への体の外からの**放射線照射治療**に使われている。

陽電子放射断層撮影法（PET）では脳の悪性腫瘍などの診断にトレーサーとしてのフッ素18を含むブドウ糖を使う。患者に注射されたブドウ糖は全身の活動度の高い細胞に取り込まれ、フッ素18は陽電子を放出する。陽電子は電子の反粒子、つまり質量が電子と同じで正電荷の粒子で、体内の電子と結合して消滅する際に正反対の2方向にガンマ線を放出する。

体外の装置でガンマ線の放出された位置を検出すると組織の活動度によって正常細胞と癌細胞を区別した画像ができ、初期の癌細胞の発見も可能になっている。

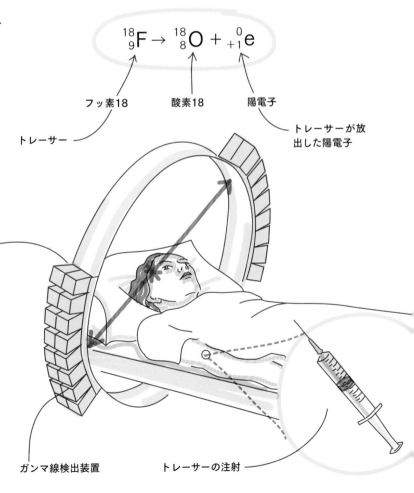

$$^{18}_{9}\text{F} \rightarrow {}^{18}_{8}\text{O} + {}^{0}_{+1}\text{e}$$

フッ素18 — トレーサー

酸素18

陽電子 — トレーサーが放出した陽電子

ガンマ線検出装置

トレーサーの注射

同位元素による年代測定法

自然界に存在する半減期のわかっている放射性同位元素を利用すると、考古学上の遺物、岩石や鉱物のできた年代やさまざまな動植物の化石などが生きていた時代を知ることができる。生物試料の場合には一般に炭素14年代法が使われている。

大気の上層では^{14}Nが宇宙線と衝突して放射性の^{14}Cに変化している。一方、^{14}Cは半減期5,730年でベータ崩壊をして^{14}Nにもどるので、大気中では^{14}Cの生成と崩壊がつりあって安定な^{12}Cに対する^{14}Cの濃度は約10^{12}分の1という一定値に保たれている。

植物が吸収する大気中のCO_2にも、このCO_2が溶け込んだ雨や川の水にも常に同じ割合で^{14}Cが含まれている。生存中の生物は常に新しい炭素を摂取するので、体内の^{12}Cに対する^{14}Cの割合は一定である。死後には体内の^{14}Cは崩壊を続けるが補給されることはない。生物の死骸や化石、木材などに含まれる現在の^{14}Cと^{12}Cの比を質量分析器などで測定することで、この生物試料が^{14}Cを取り込まなくなった時期を知ることができる。

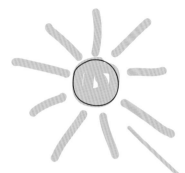

宇宙の放射線

中性子捕獲

宇宙線の中の
中性子

窒素14

炭素14

陽子

植物は放射性の炭素14の
含まれた二酸化炭素を吸収
して光合成をする

動物も人間も植物を食
べて放射性の炭素14を
吸収する

炭素14

ベータ崩壊

炭素14は自然崩壊し
て窒素14に変わる

窒素14

原子力発電

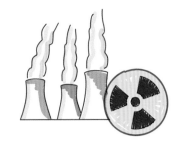

原子力発電所では、ウラン235の核分裂反応を人工的に誘発して結合エネルギーの差にあたる大きなエネルギーを取り出す。そのエネルギーで水を沸騰させて蒸気で巨大なタービンを回し、熱エネルギーを機械エネルギーに変えて発電機を動かしている。

核分裂は自然には起こりにくいので、カリホルニウム252のような崩壊しやすい人工放射性元素から放射される起動用の中性子を燃料棒のウラン235に当てて反応を開始する。1度の衝突で、質量数が140程度と90程度の娘核と、2個か3個の中性子が生成される（41ページ）。

新しく発生した中性子は燃料棒のウラン235に衝突して、さらに中性子と娘核を生成する。これを**連鎖反応**といい、エネルギーの発生は指数関数的に増加する。

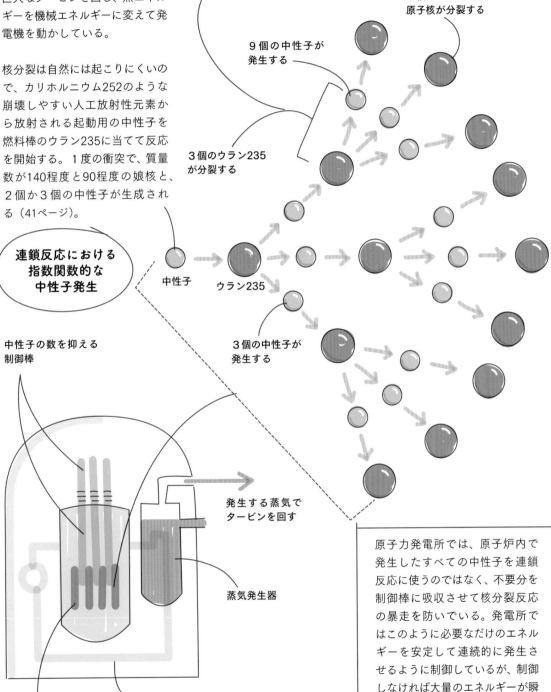

連鎖反応における指数関数的な中性子発生

9個のウラン235原子核が分裂する

9個の中性子が発生する

3個のウラン235が分裂する

中性子

ウラン235

3個の中性子が発生する

中性子の数を抑える制御棒

発生する蒸気でタービンを回す

蒸気発生器

ウラン235を含む燃料棒

加圧水の循環

原子力発電所では、原子炉内で発生したすべての中性子を連鎖反応に使うのではなく、不要分を制御棒に吸収させて核分裂反応の暴走を防いでいる。発電所ではこのように必要なだけのエネルギーを安定して連続的に発生させるように制御しているが、制御しなければ大量のエネルギーが瞬時に発生して核爆発を起こす。

✓ まとめ

核子をつなぎとめている
エネルギー。

原子核の結合エネルギー

核力

核子間の強い引力。

原子核

原子核の安定性

原子核の中での核力と静電
気力のつり合い。

質量欠損

核反応によってエネルギーに
変換される原子の質量。

原子核の化学

半減期

放射性同位元素がも
との量の半分に減少
するまでの時間。

原子力

核分裂で放出されるエネ
ルギーによる発電。

半減期と
放射性同位元素の利用

核医学

診断や治療への放射性同位
元素の利用。

同位元素による年代測定

放射性崩壊を利用した化石や
木材などの年代の決定。

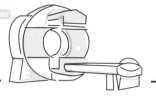

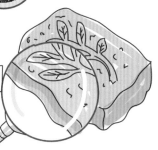

自然崩壊

放射性同位元素は自然に崩壊して安定な元素になる。

放射能

アルファ粒子、ベータ粒子、ガンマ線の自然放出に対して1898年にマリー・キュリーが「放射能」という言葉を与えた。

α

β

γ

原子核の変化

人工壊変

自然にではなく人工的に起こさせた原子核の壊変。

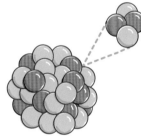

アルファ粒子、ベータ粒子、ガンマ線、陽電子、陽子、中性子。

放射線

親核は放射線を出して娘核に変わる。

崩壊反応

いろいろな核反応

捕獲反応

親核は中性子や電子を捕獲して娘核に変わる。

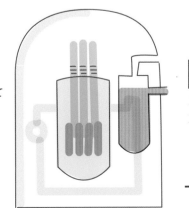

核融合反応

２つの軽い原子核が融合して重い娘核に変わる。

核分裂反応

重い原子核が２つ以上の軽い娘核に分裂する。

原子の中の電子

　ほとんどの物質は多くの原子やイオンが結びついてできている。物質を構成する原子やイオンの結びつきを「化学結合」という。化学結合の理解への第一歩として、原子の中の電子の世界に踏み込んでみよう。電子は原子核の外側にでたらめに存在しているのではなく、原子ごとに決まった数の電子がルールに従って分布している。電子はどれも同じ負の電荷で、質量、体積も同じであるけれども、原子核からの距離によってエネルギーが異なっている。原子核に一番近いところでは原子核の正電荷からの引力がもっとも強く、電子のエネルギーは低くて逃げ出しにくい。

　電子は粒子として原子核の周囲を運動しているが、電子は実は波でもある。電子のこの性質を「粒子と波動の二重性」という。電子が粒子であって、しかも波であるという不思議な性質の奥は深いけれども、電子のそのような性質が化学結合を理解する手がかりになる。

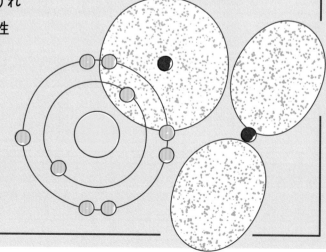

光は電磁波である

電磁波は、「フォトン（光子）」という質量のない粒子の波として宇宙を伝搬するエネルギーである。燃えさかる炎の熱、太陽の光、病院で使われるX線、電子レンジで食品を調理するマイクロ波、これらはすべて電磁波である。電磁波のエネルギーの範囲は下の図のようにとても広いが、人間の眼ではそのうちの「可視光」と呼ばれるわずかの部分しか見ることができない。

電磁波の光子は一定の速度（光速 = 2.997 924 58×10^8 m/s）の波として宇宙空間を伝搬する。この波動を特徴づける量は、**エネルギーE、波長λ、振動数ν**である。振動数（または周波数）は1秒間に振動する波の数で、単位はHz（ヘルツ）である。この3つの量は右の図の中の式でたがいに結びついている。図の中のcは光速、hはプランク定数（= 6.63×10^{-34} J·s）と呼ばれる定数である。

波の高さである**振幅**は光の強度、つまり明るさに関係があり、振幅が大きいほど明るい。1秒あたりの波の数が増えて振動数が大きくなるほど波のエネルギー

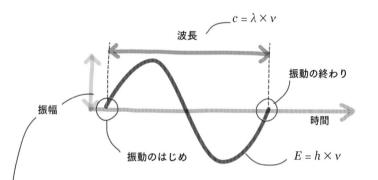

は大きくなる。光速が一定なので、波長が長くなれば振動数が減少し、エネルギーも小さくなる。

可視光を含む赤外光から紫外光までの狭い範囲の電磁波はエネルギーが低いので、極端な量でなければ人体に影響はない。

紫外よりもエネルギーが高い光は人体の組織に傷害を与える。この領域の光は**電離放射線**、あるいはイオン化放射線と呼ばれて、生体の原子や分子から電子を奪ってしまう。赤外よりもエネルギーの低い光にはこのような**電離作用**はなく、生体の組織に影響を与えることもない。

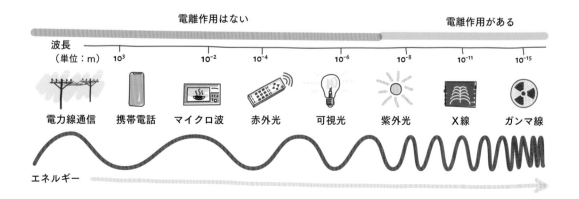

ボーアの原子模型と電子配置

18世紀から19世紀にかけて、化学者たちはさまざまな化合物を燃やして、発生する光の色から元素を特定する炎色反応の観察を繰り返した。原子構造の発見によって、発生する光の色が元素によって異なる理由が説明できるようになった。このような反応による熱のエネルギーは原子の原子核に影響を及ぼすような大きさではなかったので、観測された色は原子核の外側に存在する電子のようすを示しているに違いなかった。

1913年、ニールス・ボーアは原子の中の電子に関する彼の見解を発表した。ボーアによれば、電子はある決まった大きさのエネルギーをもって、原子核からとびとびの距離にある軌道上に存在するということであった。この考え方はのちに量子理論の基礎になった。彼はこのエネルギーの単位を**量子**と呼んだ。ボーアの模型は水素原子のスペクトルにだけ有効であったけれども、この模型から得られた情報のおかげでもっと精密な模型があとに続くことになった。

連続スペクトルと線スペクトル

白熱電球の白色光がプリズムを通ると、赤から紫の虹が見える。虹の色の境界ははっきりせず、隙間もない。このような色の帯を**連続スペクトル**という。

炎色反応で発生する光や、ある元素の気体を封入された電球の光がプリズムを通ると、白熱電球の場合とはかなり違ったものが見える。連続スペクトルではなく、暗い帯の中に明るくはっきりした色の線が何本か見える。これを**線スペクトル**（または**輝線スペクトル**）という。

炎色反応では、元素ごとに異なる色で決まった線スペクトルが観測されるので、そのスペクトルから元素を識別することができる。

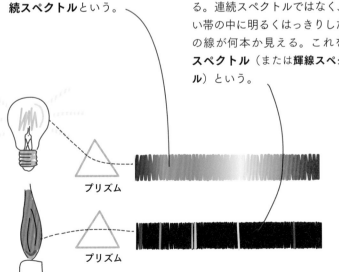

プリズム

プリズム

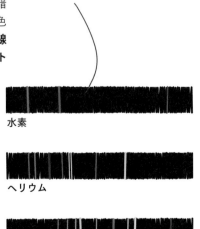

水素

ヘリウム

炭素

ボーアの原子模型

ボーアの原子模型では、電子は原子核からとびとびの距離にある殻に存在する。これらの殻に原子核に近い順に**主量子数**nで番号をつけ、その殻の電子のエネルギーをE_nと書くと、水素原子のE_nは図の下の式で書ける。この式では電子が原子核から完全に離れてしまったときのエネルギーが0なので、殻に存在する電子のエネルギーは負である。$n = 1$の殻の電子のエネルギーが最低で、主量子数が大きいほど電子のエネルギーは高くなって0に近づく。

水素の電子が$n = 1$の殻に存在する状態を**基底状態**という。あとで述べるようにエネルギーの低い殻から電子が収容されるというこの考え方は電子が多い原子の場合にも拡張できる。

励起状態にある原子のエネルギーの高い殻の電子は、低いエネルギーで空席のある殻とのエネルギー差ΔEに相当するエネルギーのフォトンを放出し低いエネルギーの殻に戻る。このΔEは「Eの差」という意味で、必ずしも微小な量ではない。

炎色反応による熱、あるいは電球の電流が金属や気体の原子の電子にエネルギーを与え、よりエネルギーの高い殻へ押し上げる。基底状態のときにある殻にあった電子は与えられたエネルギーに応じてその殻からエネルギーの高い別の殻へと移り、それまでその電子があった殻には空席ができる。こうして基底状態よりも電子の合計エネルギーが高くなった原子の状態を**励起状態**という。

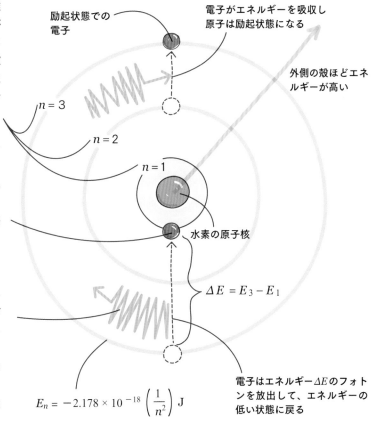

励起状態での電子

電子がエネルギーを吸収し原子は励起状態になる

外側の殻ほどエネルギーが高い

$n = 3$

$n = 2$

$n = 1$

水素の原子核

$\Delta E = E_3 - E_1$

電子はエネルギーΔEのフォトンを放出して、エネルギーの低い状態に戻る

$$E_n = -2.178 \times 10^{-18} \left(\frac{1}{n^2} \right) \text{ J}$$

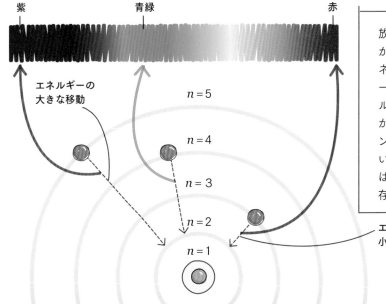

紫　　　青緑　　　赤

エネルギーの大きな移動

$n = 5$

$n = 4$

$n = 3$

$n = 2$

$n = 1$

エネルギーの小さな移動

放射される電磁波の波長は、電子が高いエネルギーの殻から低いエネルギーの殻に移る際のエネルギー差によって決まる。殻間のエネルギー差、すなわち上の図のΔEが大きいほど、放出されるフォトンのエネルギーは大きく波長が短い。実際の水素の輝線スペクトルは可視光よりもずっと広い範囲に存在する。

電子殻の理論

電子の数が2個以上の原子を考えよう。ボーアの提唱した模型によれば、主量子数が増えるに従ってその電子殻に収容できる電子の数は増加し、主量子数nの電子殻に収容できる電子の数は$2n^2$個である。

電子の数は原子番号に等しく、それは原子核の中の陽子数にも等しい。原子の中の電子はすべてボーアの模型が示す電子殻に収容されている。

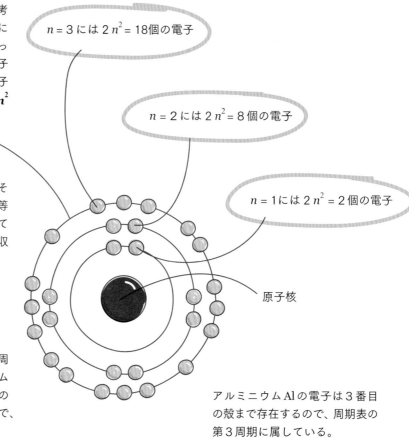

$n = 3$には$2n^2 = 18$個の電子

$n = 2$には$2n^2 = 8$個の電子

$n = 1$には$2n^2 = 2$個の電子

原子核

主量子数の最大値は周期表の周期の番号を示している。リチウムLiとフッ素Fはどちらも2番目の電子殻まで電子が存在するので、第2周期に属している。

アルミニウムAlの電子は3番目の殻まで存在するので、周期表の第3周期に属している。

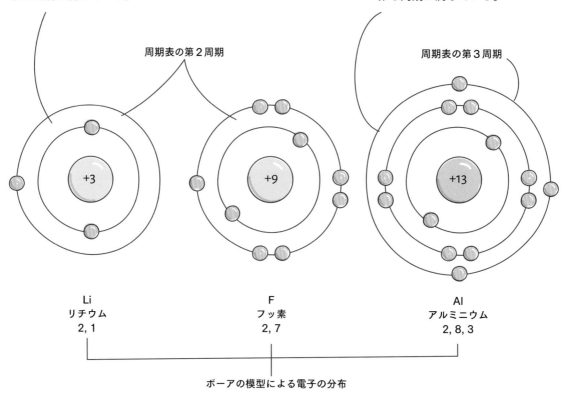

周期表の第2周期

周期表の第3周期

+3

+9

+13

Li
リチウム
2, 1

F
フッ素
2, 7

Al
アルミニウム
2, 8, 3

ボーアの模型による電子の分布

量子理論と電子の分布

電子殻を考えたボーアの原子模型は、電子が1個の水素の線スペクトルの説明に成功した。しかし電子の数が多い元素の複雑なスペクトルの解釈には無力だった。そののちにシュレーディンガーが展開した「量子理論」に基づく新しい模型（25ページ）はもっと複雑で、しかも正確である。この模型では、原子はそもそも電子が雲のように存在している確率を表す地図のようなもので、その電子は粒子であり、同時に波動でもあるとして扱われる。そこでは、電子は円形の軌道を回っていると考えるのではなく、電子が存在する確率の高いところを軌道と呼ぶのである。シュレーディンガーが導いた方程式の解によれば、原子には電子の数に応じた数と形の軌道があって、そのエネルギーや形を識別するのが「量子数」である。この量子理論による電子の状態の解析が、現代の物質の化学や物理学の基礎になっている。

電子の軌道

軌道は原子核を取り巻く領域の中で、電子が存在する確率の高いところを示す3次元的な形になっている。周期表には4種類の電子の軌道（**s軌道**、**p軌道**、**d軌道**、**f軌道**）が現れるが、ある原子の電子がどの軌道に存在するかは、その原子の電子の数によって決まっている。

原子核のまわりを飛び回る電子を一瞬ごとに撮影して重ねることができるようなカメラがあったならば、電子が存在した点の集まりを示す右の図のような画像が作れるだろう。点の集まりの全体はその中に90％の確率で電子が見つかるという範囲を示し、この領域を電子の軌道と呼んでいる。

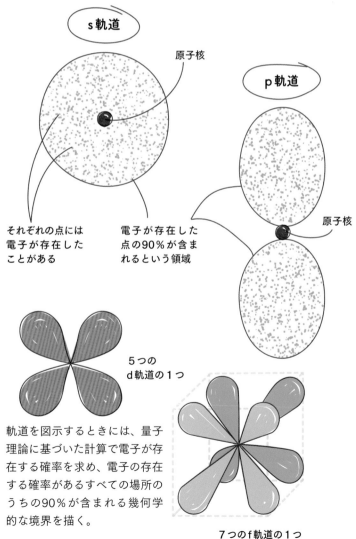

s軌道

原子核

p軌道

原子核

それぞれの点には電子が存在したことがある

電子が存在した点の90％が含まれるという領域

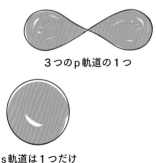

3つのp軌道の1つ

s軌道は1つだけ

5つのd軌道の1つ

軌道を図示するときには、量子理論に基づいた計算で電子が存在する確率を求め、電子の存在する確率があるすべての場所のうちの90％が含まれる幾何学的な境界を描く。

7つのf軌道の1つ

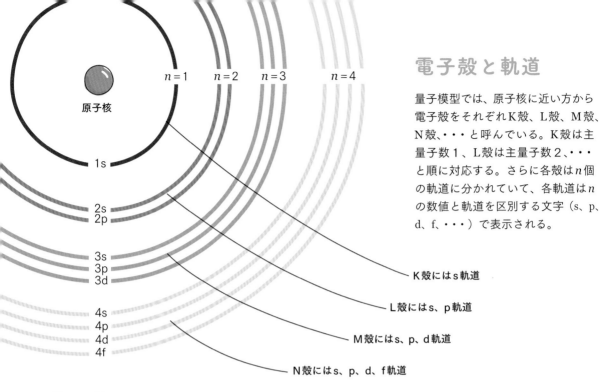

電子殻と軌道

量子模型では、原子核に近い方から電子殻をそれぞれK殻、L殻、M殻、N殻、・・・と呼んでいる。K殻は主量子数1、L殻は主量子数2、・・・と順に対応する。さらに各殻はn個の軌道に分かれていて、各軌道はnの数値と軌道を区別する文字（s、p、d、f、・・・）で表示される。

$n=1$　　$n=2$　　$n=3$　　$n=4$

原子核

1s

2s
2p

3s
3p
3d

4s
4p
4d
4f

K殻にはs軌道

L殻にはs、p軌道

M殻にはs、p、d軌道

N殻にはs、p、d、f軌道

量子数

量子数は、原子の中の電子を、原子内での位置とともに記述して識別するための一連の数字である。原子の中の1個の電子を指定するために4個の量子数が使われる。

最初の3つの数字で、原子内の殻、殻の中の軌道、軌道の中の方向を、ちょうど空間における3次元座標のように指定する。

各軌道の電子は軸のまわりに自転する小さな球状の電荷のようにふるまう。この自転（スピンという）によって弱い磁場を生じて4番目の量子数、**スピン量子数**が決まる。

量子数	記号	許される値	内容
主量子数	n	1, 2, 3, 4, ・・・	殻のエネルギーと大きさ
方位量子数（角運動量量子数ともいう）	l	0, 1, 2, ・・・, $n-1$	軌道のエネルギーと形 $l=0$はs軌道 $l=1$はp軌道 $l=2$はd軌道 $l=3$はf軌道
磁気量子数	m_l	$-l, -l+1, ・・・, 0, ・・・, +l-1, +l$	軌道の向き
スピン量子数	m_s	$+1/2, -1/2$	電子スピンの方向

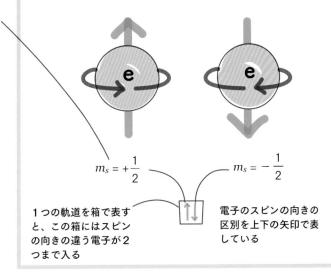

スピン量子数は電子スピンの方向を表し、可能な値は+1/2か−1/2だけである。

4つの量子数によって原子の中の電子の配置がすべて決まり、原子の化学的な性質が決まる。

$$m_s = +\frac{1}{2} \qquad m_s = -\frac{1}{2}$$

1つの軌道を箱で表すと、この箱にはスピンの向きの違う電子が2つまで入る

電子のスピンの向きの区別を上下の矢印で表している

軌道と電子のスピンの配置

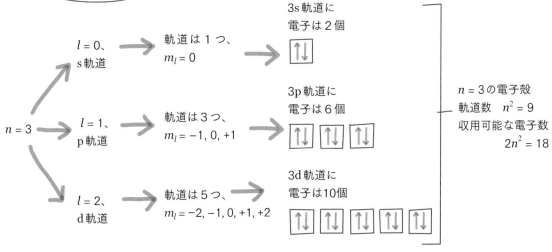

$n = 3$ → $l = 0$、s軌道 → 軌道は1つ、$m_l = 0$ → 3s軌道に電子は2個

$l = 1$、p軌道 → 軌道は3つ、$m_l = -1, 0, +1$ → 3p軌道に電子は6個

$l = 2$、d軌道 → 軌道は5つ、$m_l = -2, -1, 0, +1, +2$ → 3d軌道に電子は10個

$n = 3$の電子殻 軌道数 $n^2 = 9$ 収容可能な電子数 $2n^2 = 18$

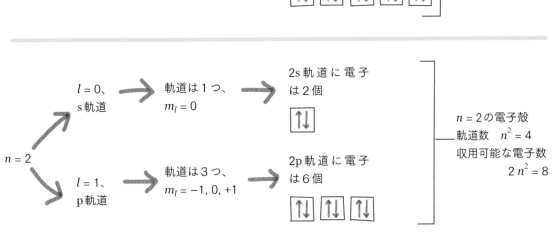

$n = 2$ → $l = 0$、s軌道 → 軌道は1つ、$m_l = 0$ → 2s軌道に電子は2個

$l = 1$、p軌道 → 軌道は3つ、$m_l = -1, 0, +1$ → 2p軌道に電子は6個

$n = 2$の電子殻 軌道数 $n^2 = 4$ 収容可能な電子数 $2n^2 = 8$

$n = 1$ → $l = 0$、s軌道 → 軌道は1つ、$m_l = 0$ → 1s軌道に電子は2個

$n = 1$の電子殻 軌道数 $n^2 = 1$ 収容可能な電子数 $2n^2 = 2$

電子配置

原子の中の軌道に電子がどのように分布しているかを「電子配置」という。1925年、スイスの物理学者ヴォルフガング・パウリ（1900-58）は、原子の中の電子の配置は量子理論に従って決まっているという原理を発見した。原子の中の電子は、原子核の正電荷による静電気的な引力を受けて、もっともエネルギーが低くなるような配置をとる傾向がある。量子数で指定される軌道への許容される電子数に従って、電子はエネルギーの低い軌道から順に配置される。これは「構成原理」、あるいは「組み立て原理」と呼ばれている。

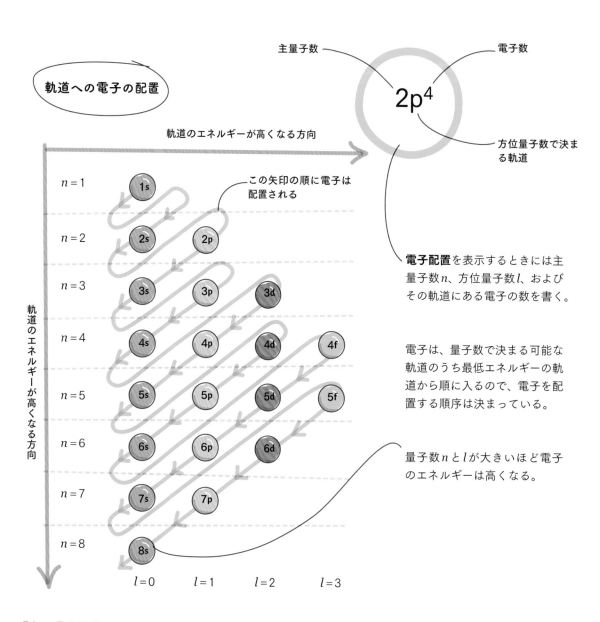

軌道への電子の配置

軌道のエネルギーが高くなる方向

主量子数 ── $2p^4$ ── 電子数

── 方位量子数で決まる軌道

軌道のエネルギーが高くなる方向

$n=1$　1s

この矢印の順に電子は配置される

$n=2$　2s　2p

$n=3$　3s　3p　3d

$n=4$　4s　4p　4d　4f

$n=5$　5s　5p　5d　5f

$n=6$　6s　6p　6d

$n=7$　7s　7p

$n=8$　8s

$l=0$　$l=1$　$l=2$　$l=3$

電子配置を表示するときには主量子数n、方位量子数l、およびその軌道にある電子の数を書く。

電子は、量子数で決まる可能な軌道のうち最低エネルギーの軌道から順に入るので、電子を配置する順序は決まっている。

量子数nとlが大きいほど電子のエネルギーは高くなる。

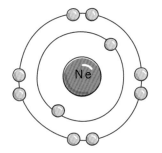

構成原理の実際

ネオン：電子は10個

$$1s^2 2s^2 2p^6$$

ネオンの10個の電子を構成原理に従って配置しよう。ボーアの模型によると10個の電子は2個と8個にわけて配置される。そのうち外側の8個の電子は量子数にしたがって2sと2pの軌道に収容されることになる。

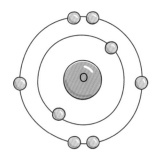

酸素：電子は8個

$$1s^2 2s^2 2p^4$$

酸素には電子が8個あり、最低エネルギーの軌道からこのように配置される。

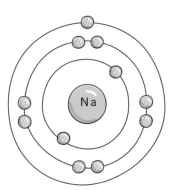

ナトリウム：
電子は11個

$$1s^2 2s^2 2p^6 3s^1$$

ネオンよりも電子が1個多いナトリウムでは、最後の1個は3s軌道に収容される。

酸素

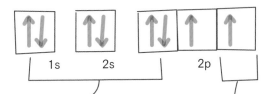

$$1s^2 2s^2 2p^4$$

パウリの排他原理

パウリの排他原理によれば、1つの原子の中で2つの電子の量子数が4つとも等しい組み合わせになることはない。軌道ごとに n、l、m_l が決まっているから、同じ軌道に入る2つ目の電子はスピン量子数 m_s が異なっていなければならない。つまり1つの軌道には電子を2つまでしか収容できないということである。

同じ磁気量子数の複数の軌道に2つ以上の電子を配置するときには、スピン量子数が同じ電子を可能な限り別の軌道に1つずつ先に配置し、電子が残った場合にはスピン量子数の符号を逆にして2つ目の電子として各軌道に配置する。この配置の方が、1つの軌道にスピン量子数が異なる電子を2つずつ収容して空の軌道を残すよりもエネルギーが低く、原子は安定になる。これを電子配置に関する**フントの規則**という。

✓ まとめ

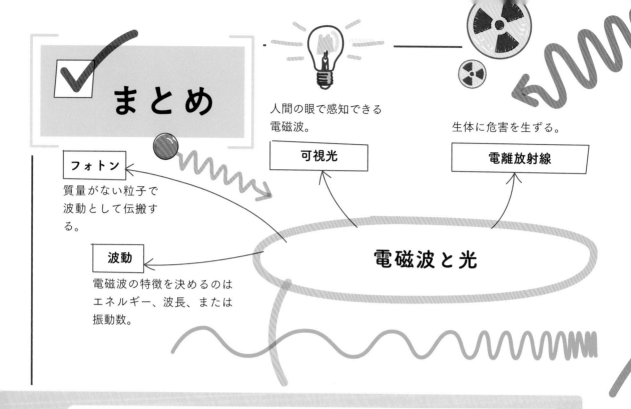

可視光

人間の眼で感知できる電磁波。

電離放射線

生体に危害を生ずる。

フォトン

質量がない粒子で波動として伝搬する。

波動

電磁波の特徴を決めるのはエネルギー、波長、または振動数。

電磁波と光

原子の中の電子

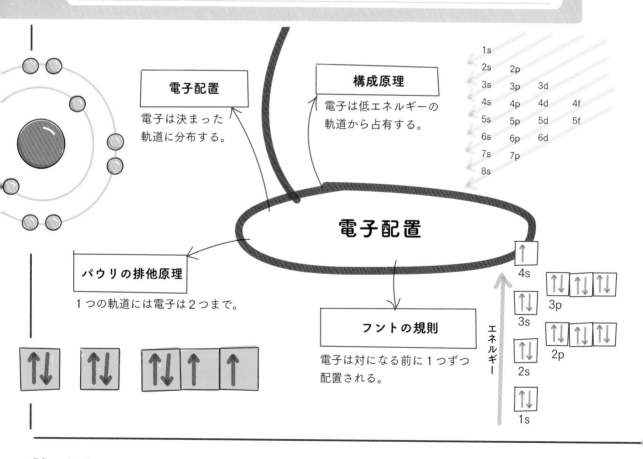

電子配置

電子は決まった軌道に分布する。

構成原理

電子は低エネルギーの軌道から占有する。

1s			
2s	2p		
3s	3p	3d	
4s	4p	4d	4f
5s	5p	5d	5f
6s	6p	6d	
7s	7p		
8s			

電子配置

パウリの排他原理

1つの軌道には電子は2つまで。

フントの規則

電子は対になる前に1つずつ配置される。

エネルギー

4s

3p

3s

2p

2s

1s

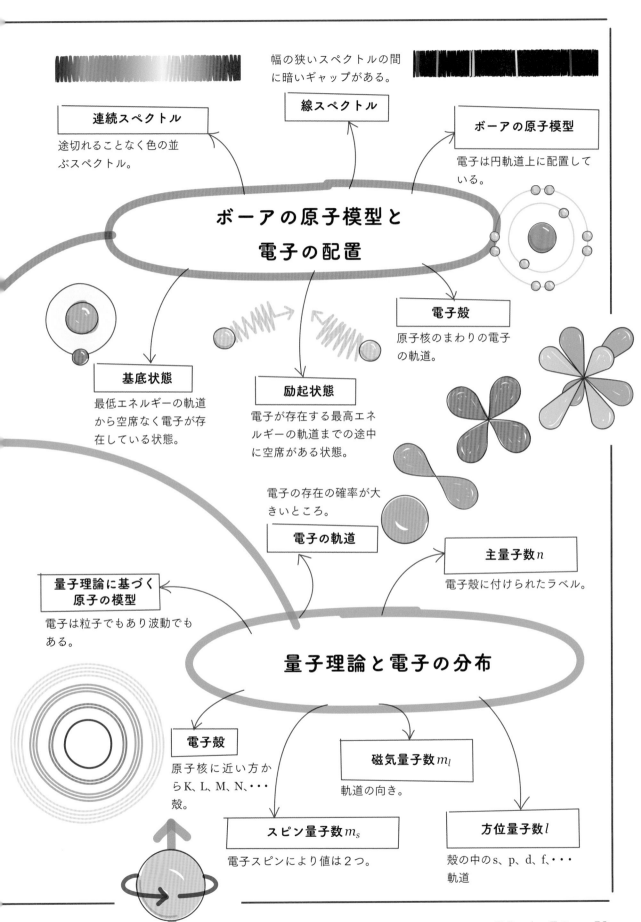

幅の狭いスペクトルの間に暗いギャップがある。

線スペクトル

連続スペクトル

途切れることなく色の並ぶスペクトル。

ボーアの原子模型

電子は円軌道上に配置している。

ボーアの原子模型と電子の配置

電子殻

原子核のまわりの電子の軌道。

基底状態

最低エネルギーの軌道から空席なく電子が存在している状態。

励起状態

電子が存在する最高エネルギーの軌道までの途中に空席がある状態。

電子の存在の確率が大きいところ。

電子の軌道

主量子数 n

電子殻に付けられたラベル。

量子理論に基づく原子の模型

電子は粒子でもあり波動でもある。

量子理論と電子の分布

電子殻

原子核に近い方からK、L、M、N、・・・殻。

磁気量子数 m_l

軌道の向き。

スピン量子数 m_s

電子スピンにより値は2つ。

方位量子数 l

殻の中のs、p、d、f、・・・軌道

元素の周期表

　化学の本ならば、ときには表紙の裏などにも、必ず登場するのが「周期表」。この表には元素が原子番号の順に規則的に並んでいて、質量数や電子の数、電子配置、さらに化学的な特徴などが一目瞭然である。この表が「周期表」と呼ばれているのは、元素を原子番号の順に並べたときにその性質に周期性が見られるからである。この表が現在の形になるまでにはさまざまな歴史があり、28ページで紹介したように、メンデレーエフが元素の周期性を発見して「周期律」と呼んだので、日本語では「周期律表」とも呼ばれていた。

　これから説明するように、縦横に元素が配置されたこの表では、すべての既知の元素が原子内の電子配置にしたがって「族」と「周期」に分類されていて、縦の列には化学的な性質の似た元素が並んでいる。周期表を見れば、元素の一般的な特徴やその性質を効率よく識別することができて、とても便利で役に立つ。

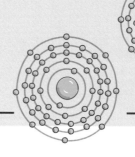

周期表と量子数

周期表の中でのある元素の位置は、電子が収容されている一番外側の軌道の量子数を反映している。電子が入っているもっとも外側の電子殻（主量子数の最大値、つまり周期の番号に対応する殻）を「最外殻」、あるいは「価電子殻」と呼び、化学結合の特徴と密接な関係がある。周期表の中の元素は電子配置をもとに、s、p、d、fの各ブロックに属している。sとpブロックの元素は電子配置や化学的性質が予測可能な「典型元素」、dブロックは「遷移元素」、そしてfブロックの元素は「ランタノイド」および「アクチノイド」と呼ばれるグループである。

〔訳注：日本の教科書などでは12族の元素を遷移元素ではなく典型元素に含めることが多いが、本書では原文に従い、典型元素は13族から18族というやや旧式の表記を採用している。〕

元素の属する周期の番号は主量子数 n を反映している。

元素の属するブロックは方位量子数 l によって区別されている。

s、p、d、fブロックには各周期にそれぞれ 2、6、10、14の箱が並び、それぞれが電子の軌道に対応している。この数値はs、p、d、f軌道の電子の収容最大数である。磁気量子数およびスピン量子数はブロックの中の箱によって区別されている。

$l = 0$
sブロック
典型元素
$l = 1$
pブロック

$1s^1$

$l = 2$
遷移元素
dブロック

$n-1$

$n-2$

$1s^2$

塩素 Cl

構成原理

7個の価電子

$1s^2$　$2s^2$　$2p^6$　$3s^2$　$3p^5$

K殻　　L殻　　M殻

遷移元素は主量子数が 1 だけ小さい周期に収容されている

$l = 3$
fブロック
ランタノイドおよびアクチノイド

fブロックの元素は主量子数が 2 だけ小さい周期に収容されている

構成原理に従って、ある原子の電子数になるまで電子を軌道に収容しよう。そうすれば周期表の中での原子の位置が決まる。

塩素Clの原子番号は17で17個の電子があるので、主量子数が3の第3周期が最外殻になっている。

塩素は周期表の17族、典型元素の左端から7番目の列にあって最外殻には7個の電子がある。この最外殻の電子は**価電子**とも呼ばれる。

安定な電子配置

19世紀には、化学者たちはそれまでに知られていた元素が他の元素とどのように結合しているかについて分類した。彼らの観察によって、周期表の18族の「貴ガス」に分類される元素は、自然界では単体で見つかることがわかっていた。つまりその元素は他の元素とはほとんど、あるいはまったく反応性がない。すなわち化学的に不活性なので、これらの元素を不活性ガスと呼ぶこともある。化学反応性は電子配置と密接な関係があるので、貴ガスの電子配置は極めて安定であるに違いない。のちになって、ヘリウム以外のすべての貴ガスは最外殻に8個の電子があることがわかった。ヘリウムの最外殻電子は2個である。

周期表から見た電子配置

貴ガスは安定で、化学的に不活性なので、他の原子がそれと同じような電子配置をとれば安定になるはずである。つまり、ヘリウムのように最外殻に2個の電子をおく（**デュプレット則**）か、他の貴ガスのように8個の電子をおく（**オクテット則**）か、どちらかの配置である。

周期表の各周期の右端は、可能な軌道がすべて満たされた貴ガスで終わっている。この貴ガスの電子配置をその殻にはもう空席がないという意味で**閉殻**といい、電子配置を書くときにその部分に [ ] をつけて示される。閉殻になっていない最外殻の電子を価電子、閉殻に含まれる電子をコア電子と呼ぶ。

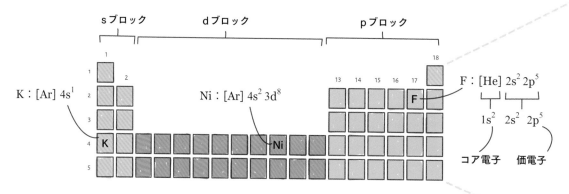

周期表の中での元素の位置がわかれば、1sからその位置まで電子を入れていけばよいので、電子配置は容易に書ける。

たとえばフッ素Fならば、**全電子配置**は1s軌道の水素の箱から電子9個のフッ素の位置まで電子を入れていけばよい。

第1周期はヘリウムHeで終わってフッ素は第2周期にある。**省略型の電子配置**では第1周期のコア電子を [He] と表現すればよい。

安定な電子配置というのは、貴ガスのように原子やイオンの最外殻が電子で満席の状態である。貴ガス以外の原子はすべて、電子を受け取ったり放出したりして安定な電子配置になろうとしている。

ナトリウムNa原子は11個の電子のうちの1つを失って陽イオンNa⁺となり、電子10個のネオンNeと同じ配置になる。

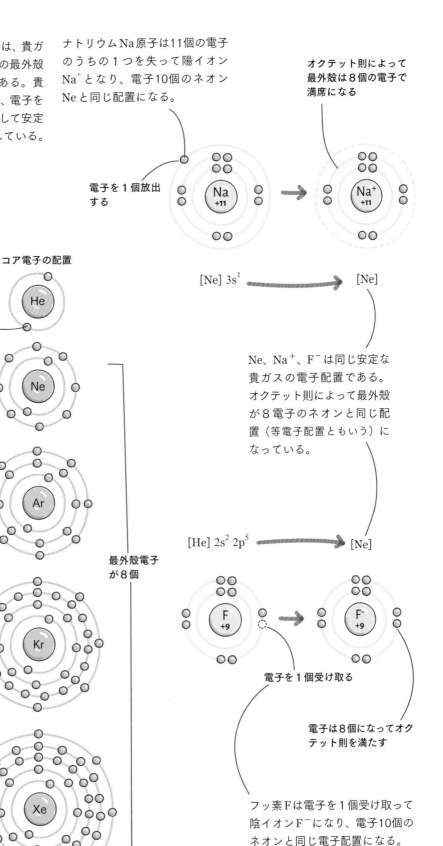

オクテット則によって最外殻は8個の電子で満席になる

電子を1個放出する

$[Ne]\ 3s^1$ → $[Ne]$

Ne、Na⁺、F⁻は同じ安定な貴ガスの電子配置である。オクテット則によって最外殻が8電子のネオンと同じ配置（等電子配置ともいう）になっている。

コア電子の配置

最外殻電子が2個

最外殻電子が8個

$[He]\ 2s^2\ 2p^5$ → $[Ne]$

電子を1個受け取る

電子は8個になってオクテット則を満たす

フッ素Fは電子を1個受け取って陰イオンF⁻になり、電子10個のネオンと同じ電子配置になる。

2	He
10	Ne
18	Ar
36	Kr
54	Xe

典型元素では族の番号（1の位の数字）は価電子数に等しい。したがって最外殻の電子を8個にするためにいくつの電子を受け取るか、あるいは失うかは簡単にわかる。下の周期表の枠内の数字は、原子の状態での最外殻の電子数である。

安定な電子配置

電子を1個受け取って電荷が−1の陰イオンになれば安定

電子を1個失って電荷が+1の陽イオンになれば安定

電子を失えば安定な電子配置になると予想される

電子を受け取れば安定な電子配置になると予想される

電子を2個失って電荷が+2の陽イオンになれば安定

安定な電子配置の陰イオンになるにはあと3個の電子が必要

電子を2個受け取って電荷が−2の陰イオンになれば安定

1	2											13	14	15	16	17	18
1																	2
1	2											3	4	5	6	7	8
1	2											3	4	5	6	7	8
1	2											3	4	5	6	7	8
1	2											3	4	5	6	7	8
1	2											3	4	5	6		

イオンの電子配置の書き方

原子は、貴ガスのような電子配置をとって安定になるために、最外殻に電子を受け取ったり、最外殻から電子を失ったりしてイオンになる。このように最外殻にあって、原子がイオンになるときや化合物になるときに重要な役割を果たす電子が価電子である。またイオンになったときの電荷の大きさをイオンの価数といい、元素記号の右上に As^{3+}、As^{3-} のように数字、符号の順に価数を書いて表す。

ただし価数が1のときは、H^+ のように数字は書かずに符号だけを書く。価電子が1〜3個の原子は陽イオン、6個または7個の原子は陰イオンになりやすい。

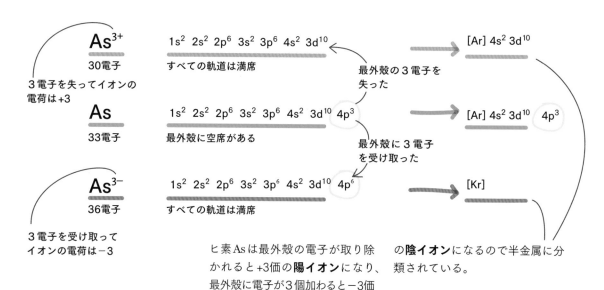

As^{3+}

30電子

3電子を失ってイオンの電荷は+3

$1s^2$ $2s^2$ $2p^6$ $3s^2$ $3p^6$ $4s^2$ $3d^{10}$

すべての軌道は満席

最外殻の3電子を失った

[Ar] $4s^2$ $3d^{10}$

As

33電子

$1s^2$ $2s^2$ $2p^6$ $3s^2$ $3p^6$ $4s^2$ $3d^{10}$ $4p^3$

最外殻に空席がある

[Ar] $4s^2$ $3d^{10}$ $4p^3$

最外殻に3電子を受け取った

As^{3-}

36電子

3電子を受け取ってイオンの電荷は−3

$1s^2$ $2s^2$ $2p^6$ $3s^2$ $3p^6$ $4s^2$ $3d^{10}$ $4p^6$

すべての軌道は満席

[Kr]

ヒ素Asは最外殻の電子が取り除かれると+3価の**陽イオン**になり、最外殻に電子が3個加わると−3価の**陰イオン**になるので半金属に分類されている。

元素の分類

最外殻にある価電子は、元素の化学的な性質に関する重要な働きをしている。価電子数が同じ元素は同じような性質を示し、周期表の中では同じ縦の列に並んでいる。原子は安定な電子配置になるために電子を失ったり、受け取ったり、共有したりする。したがって貴ガスに近い列の元素は、遠い列の元素に比べればより反応しやすい。周期表の中での位置によるこのような化学的な性質によって、元素は金属、非金属、半金属に分類できる。

■ 金属元素
陽イオンになりやすい
光沢がある
展性がある
延性がある
熱と電気をよく伝える
室温では大部分が固体
密度が高い

■ 半金属元素
陽イオンにも陰イオンにもなる
金属と非金属の中間の性質
光沢があるものと、ないものがある
展性があるものと、ないものがある
延性があるものと、ないものがある
電気的には半導体である

■ 非金属元素
貴ガス以外は陰イオンになる
光沢がない
もろく割れやすい
展性がない
延性がない
熱や電気をほとんど伝えない
室温で固体、液体、あるいは気体である

〔訳注：展性は打撃や圧力を加えても壊れず薄く広げられる性質。延性は引っ張っても壊れず引き延ばされる性質。金、銀、スズなどは展性や延性が高い。〕

水素以外の1族元素を**アルカリ金属元素**といい、最外殻の電子が1個なので極めて反応しやすい。柔らかくて光沢があり、融点が低い。空気や水とも反応するので特殊な保管法が必要で、天然には単体として存在しない。

2族の元素を**アルカリ土類金属元素**と呼び、アルカリ金属ほどの反応性はないが、価電子を2個放出して陽イオンになる。かなり硬く、白色で、天然には単体として存在せず、他の元素と結合している。

周期表の17族に属する元素を**ハロゲン元素**という。価電子が7個で反応性の高い非金属である。ハロゲンを含む化合物はハライド（ハロゲン化物）と呼ばれる。

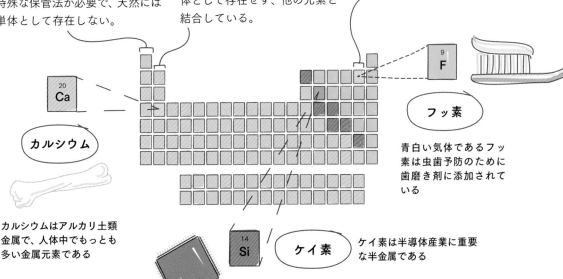

カルシウム

カルシウムはアルカリ土類金属で、人体中でもっとも多い金属元素である

ケイ素

ケイ素は半導体産業に重要な半金属である

フッ素

青白い気体であるフッ素は虫歯予防のために歯磨き剤に添加されている

元素の性質の周期性

元素による性質の違いには「周期性」があり、その違いは周期表の中での位置に現れている。中でも重要なものは原子半径、イオン化エネルギー、電子親和力、電気陰性度、そして金属性で、これらが元素の性質を考える際の手がかりになる。電子配置の似た元素が同じ族や周期に配置されているので、その位置から元素の性質の傾向を予測することができる。

同じ族の中では、表の下に行くほど電子殻が増えるので、**原子半径**は大きくなる。

同じ周期の中では表の右へ行くほど原子は小さくなる。同じ周期では電子殻が追加されることはなく、原子核の正電荷が大きくなると、電子は原子核の方へ引きつけられて原子半径が収縮するからである。

イオン化エネルギーというのは、気体状態の中性の原子から電子を1個取り除くために必要なエネルギーである。最外殻の電子が原子核から遠いほど、それを取り除くためのエネルギーは小さい。つまり原子が小さいほど、イオン化エネルギーは大きい。

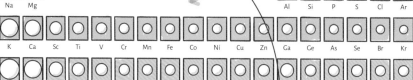

元素の性質の周期性

原子半径が増加する方向

電子親和力が増加する方向

イオン化エネルギーが増加する方向

電気陰性度が増加する方向

金属性が増加する方向

電気陰性度が増加する方向

イオン化エネルギーが増加する方向

原子半径が減少する方向

電子親和力が増加する方向

電子親和力というのは、電子を受け取りやすいかどうかということである。小さな原子の最外殻は原子核に近く、原子核からの引力が強いので、電子を付け加えることは容易である。つまり原子が小さいほど、電子親和力は大きい。

金属性というのは、化学反応の際に電子を失いやすいという金属の反応性の程度を示す。金属性は周期表の右上から左下の方向へ対角線的に増加する。

電気陰性度は、原子が電子を引きつける強さである。電子親和力の強い小さな原子は電気陰性度も大きい。電気陰性度は貴ガスを除く周期表の右上にある元素ほど大きく、左下にある元素ほど小さい。アメリカの量子化学者ライナス・ポーリング（1901-94）が、電気陰性度が最大であるフッ素の値を4.0とし、これを基準値として他の元素の値を決めた。水素以外のアルカリ金属が最小で1.0よりやや小さい。

電子式の書き方

原子間の化学結合ができたり、壊れたりする化学反応には価電子が関与していることが多い。アメリカの化学者、G. N. ルイス（1875-1946）は、電子式、あるいはルイス構造式と呼ばれる価電子を2次元的に描く記号を考案した。この記号を使用すると、典型元素の原子がイオンや化合物を形成するようすや、原子がオクテット則に従って安定な電子配置となるようすを理解しやすい。

ルイスのドット記号

原子の最外殻以外の部分（コア電子と原子核）を元素記号で表し、最外殻の電子を1個ずつドットで書く。すると、それぞれの元素記号の四方に2個ずつの電子を配置することができて、最外殻の電子は合計8個である。これがドット記号で示したオクテット則である。

典型元素に関しては、その最外殻電子をドットで表示すれば、安定な貴ガスの電子配置になるにはどうすればよいかが一目でわかる。

ベリリウムBeとホウ素Bは典型元素の中では例外で、デュプレット則やオクテット則に従わない。これらの価電子はそれぞれ2個、あるいは3個であるが、同じ族の元素の中では原子半径が小さく共有結合（71ページ）を作りやすい。

貴ガスに近い族の元素ほど反応性が高い。1族と17族の元素は、どちらも最外殻電子の数が貴ガスの電子配置と1つしか違わないから、特に反応性が高い。

ステップ1
周期表の元素を確認し、その元素記号を書く。

酸素原子の電子は全部で8個

ステップ2
最外殻電子の数を確認する。典型元素の酸素ならば16族にあって最外殻電子は6個である。

ドット1個は1個の最外殻電子で、最大で8個

空席が2つあるので、酸素がオクテット則を満たすにはあと2個の電子が必要

ステップ3
最外殻電子を元素記号の四方に1個ずつ配置してから残りを対にする。

Beはデュプレット則やオクテット則には従わない

Bもデュプレット則やオクテット則には従わない

表の中の元素記号はコア電子と原子核を表している

族番号の1の位が最外殻電子の数

まとめ

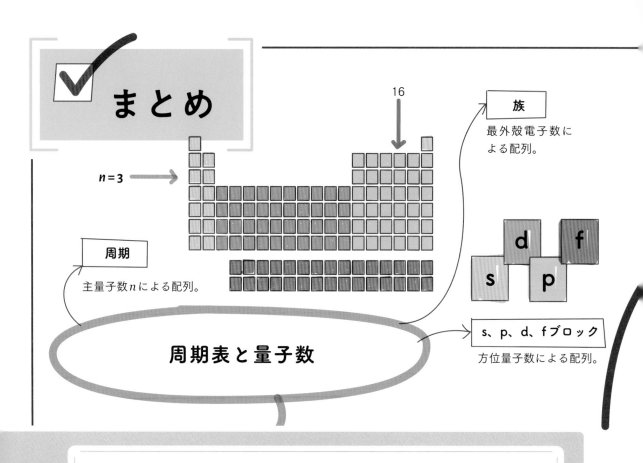

族
最外殻電子数に
よる配列。

$n = 3$

周期
主量子数 n による配列。

周期表と量子数

s、p、d、fブロック
方位量子数による配列。

元素の周期表

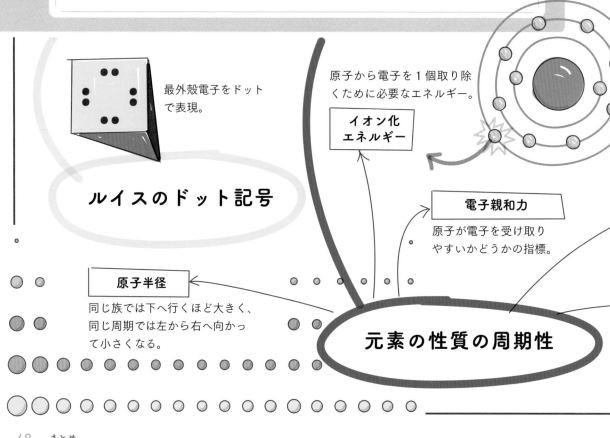

最外殻電子をドット
で表現。

ルイスのドット記号

原子から電子を1個取り除
くために必要なエネルギー。

**イオン化
エネルギー**

電子親和力
原子が電子を受け取り
やすいかどうかの指標。

原子半径
同じ族では下へ行くほど大きく、
同じ周期では左から右へ向かっ
て小さくなる。

元素の性質の周期性

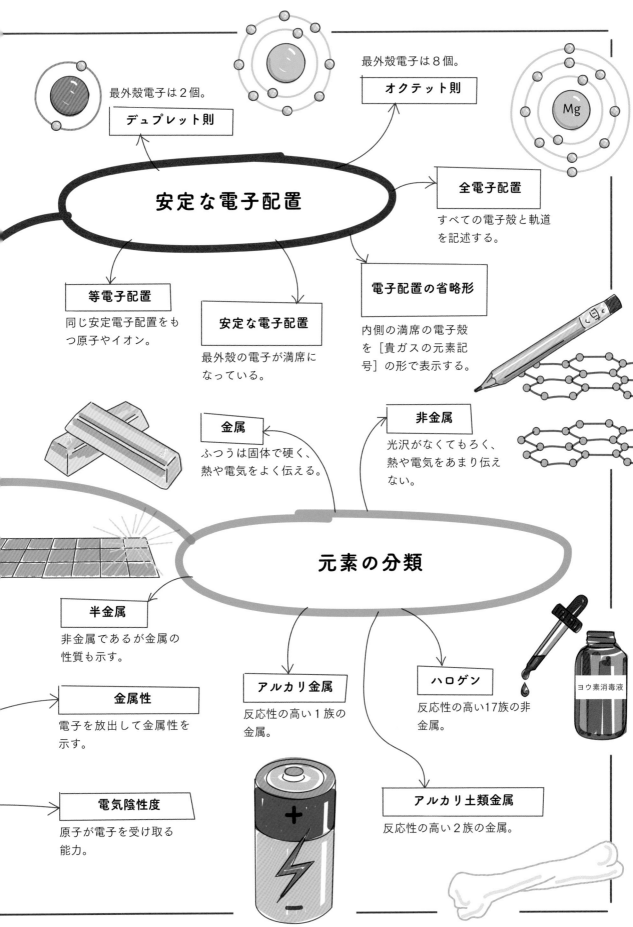

最外殻電子は２個。

デュプレット則

最外殻電子は８個。

オクテット則

Mg

安定な電子配置

全電子配置

すべての電子殻と軌道
を記述する。

等電子配置

同じ安定電子配置をも
つ原子やイオン。

安定な電子配置

最外殻の電子が満席に
なっている。

電子配置の省略形

内側の満席の電子殻
を［貴ガスの元素記
号］の形で表示する。

金属

ふつうは固体で硬く、
熱や電気をよく伝える。

非金属

光沢がなくてもろく、
熱や電気をあまり伝え
ない。

元素の分類

半金属

非金属であるが金属の
性質も示す。

金属性

電子を放出して金属性を
示す。

電気陰性度

原子が電子を受け取る
能力。

アルカリ金属

反応性の高い１族の
金属。

ハロゲン

反応性の高い17族の非
金属。

ヨウ素消毒液

アルカリ土類金属

反応性の高い２族の金属。

化 学 結 合

　原子どうし、イオンどうし、あるいは分子どうしは互い
に引き合って結びつき、化学結合を形成している。大きく
分類すると3種類の化学結合があって、物質の性質や反応
はそれぞれの物質の化学結合の種類によって決まることが
多い。原子がたがいに引き寄せられるのはなぜか、化学反
応によって新しい生成物がどのようにできるのかを理論的
に説明しようと、化学者たちは実験と観察を続けた。

　原子がたがいに近づくと、最外殻の電子どうしが相互作
用をする。相互作用というのは、この章で説明するように
イオンどうしの静電気力の働きであったり、価電子を共有
することによって安定化することであったりする。原子が
ばらばらで存在するときのエネルギーの合計よりも、結合
した状態のエネルギーの方が低ければ、互いの電子の配置
を変えて安定な化学結合を作ることになる。

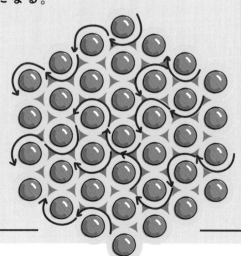

化学結合の種類

自然界には約90種類、放射性崩壊の途中のごく短時間だけ存在するものやごく微量なものも合わせると94種類の元素が発見されている。これらの元素が純粋な形ですべての物質と生体を作り上げていると考えることはもちろん無理で、元素は化学的に結合して膨大な種類の化合物を作り上げているに違いない。化学結合は3つに分類される。下に紹介するようにイオン結合、共有結合、そして金属結合である。結合のタイプは化合物に含まれている元素の種類によっていて、結合のタイプによって物質の物理的、化学的な性質の多くが決まってしまう。

2つの金属原子が**金属結合**で結びつくと、最外殻電子は原子から離れて原子とのつながりは緩くなる。

2つの非金属原子、あるいは非金属原子と半金属原子は、その最外殻の電子を共有して、**共有結合**を形成する。

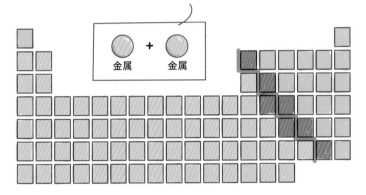

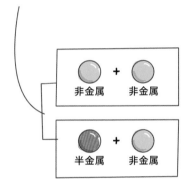

金属

半金属

非金属

金属原子と非金属原子の結合は**イオン結合**である。この結合では、金属原子の最外殻電子は非金属原子の最外殻へ完全に移動している。

2つの原子がどのように結合するか、それを決める重要な要素が原子の**電気陰性度**である。完全な意味でのイオン結合や、100％共有の共有結合はめったにない。

結合に関与する原子の電気陰性度の違いによって、化学結合のようすは変化する。

非極性の共有結合では電子は対等に共有される

極性の共有結合では電子の共有のようすは偏っている

イオン結合では電子は原子の間で移動している

イオン性が増加する方向

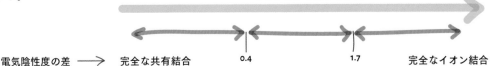

電気陰性度の差 ⟶　完全な共有結合　　0.4　　　　1.7　　　完全なイオン結合

イオン結合とイオン結晶

電気陰性度の低い金属原子と電気陰性度の高い非金属原子との結合がイオン結合である。電気陰性度の差が大きいほど、2つの原子間の結合のイオン性は強くなる。金属原子は最外殻電子を失って陽イオンとなり、非金属原子はその電子を受け取って陰イオンとなる。このような反対符号の電荷をもつイオンどうしの強い引力をイオン結合と呼び、正負のイオンとなった原子は交互に規則正しく配列して「イオン結晶」となる。ここでやり取りされる電子の数は等しいので、できあがったイオン結晶は電気的に中性である。このようなイオンからなる物質を表すには、右ページで説明するようにその成分となっている元素の原子の数をもっとも簡単な整数比にした「組成式」と呼ばれる表記を使う。

○ 金属　　　○ 非金属

リチウム原子　　　フッ素原子

電気陰性度1.0のリチウムLi原子が電気陰性度4.0のフッ素F原子と結合すると、電気陰性度の差が大きいのでこの結合はイオン性になる。

イオン化エネルギーの小さな1族に属するリチウムは、最外殻電子を1個失ってリチウムイオンLi^+になる。電子親和力の高い17族のフッ素はこの電子を受け取って陰イオンF^-になる。陰イオンでは「…化物イオン」という名称が使われるので、フッ素はフッ化物イオンとなる。両イオンの引力によりフッ化リチウムというイオン結晶が形成される。

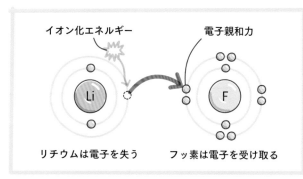

イオン化エネルギー　　　電子親和力

リチウムは電子を失う　　　フッ素は電子を受け取る

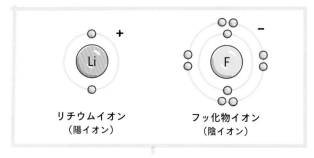

リチウムイオン　　　フッ化物イオン
（陽イオン）　　　（陰イオン）

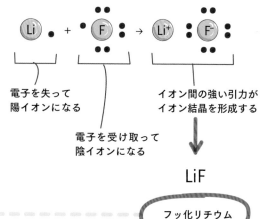

電子を失って
陽イオンになる

電子を受け取って
陰イオンになる

イオン間の強い引力が
イオン結晶を形成する

↓

LiF

フッ化リチウム

2元のイオン結晶

64ページで述べたように、典型元素がイオンになったときの価数（電荷の大きさ）は簡単にわかる。**2元のイオン結晶**は2種類の典型元素の単原子イオンからできている。2元とは2種類から作られるという意味で、ここではイオン結晶が2種類のイオンからできているということである。

イオン結晶では、金属イオン（陽イオン）が先、非金属イオン（陰イオン）は後に書かれる。電荷が中性になるようなイオン数の最小の整数の組み合わせを、元素記号の右下につけた数字で表示する。

金属原子の陽イオンの右上に書かれた電荷の大きさによって、電気的に中性なイオン結晶になるために必要な陰イオンの数が決まる。

非金属原子の陰イオンの右上に書かれた電荷の大きさによって、電気的に中性なイオン結晶になるために必要な陽イオンの数が決まる。

Ca^{2+}　N^{3-}

$$Ca_3N_2$$

窒化カルシウム

+1価のナトリウムイオン

−2価の酸化物イオン

−3価の窒化物イオン

+2価のカルシウムイオン

1														13	14	15	16	17	18
H^+																			
Li^+	2																N^{3-}	O^{2-}	F^-	
Na^+	Mg^{2+}													Al^{3+}		P^{3-}	S^{2-}	Cl^-	
K^+	Ca^{2+}	Sc^{3+}	Ti^{2+} Ti^{4+}	V^{2+} V^{3+}	Cr^{2+} Cr^{3+}	Mn^{2+} Mn^{4+}	Fe^{2+} Fe^{3+}	Co^{2+} Co^{3+}	Ni^+	Cu^+ Cu^{2+}	Zn^{2+}						Se^{2-}	Br^-	
Rb^+	Ca^{2+}									Ag^+	Cd^{2+}		Sn^{2+}					I^-	
Cs^+	Ba^{2+}									Au^+ Au^{3+}			Pb^{2+}						

+2価のバリウムイオン

クロムイオンには2価と3価がある

+3価のクロムイオンをクロム（III）と書く

+3価の鉄イオン

Fe^{3+}　Cl^{1-}

−1価の塩化物イオン

$$FeCl_3$$

塩化鉄（III）

上のような手続きでできたCa_3N_2や$FeCl_3$という表記を**組成式**という。また、遷移金属元素の場合には異なる価数のイオンが存在する。たとえば、鉄は+2価のイオンにも+3価のイオンにもなる。日本語表記では価数をローマ数字で書いて、鉄（II）イオン、鉄（III）イオンとする。

イオン結晶の命名法

窒化カルシウム

語尾を除いた非金属元素名　＋　化　＋　金属元素名

〔訳注：イオン結晶の組成式では陽イオン、陰イオンの順になり、英語名もその順でcalcium nitrideであるが、日本語名では上のように非金属の陰イオンを先に、金属イオンが後になる。英語nitrideの語尾のideが日本語の「化」に対応している。〕

3元のイオン結晶

イオン結晶には3種類以上の異なる元素を含むものもある。下の例のように、2種類の元素を含む多原子イオンと少なくとも1種類の金属イオンか非金属イオンを含む**3元**の場合や、2種類の異なる多原子イオンでできている場合などがある。

Ba^{2+}　$(SO_4)^{2-}$

$Ba_2(SO_4)_2$

$BaSO_4$

硫酸バリウム

多原子イオンを含む物質も2元のイオン結晶と命名法は同じであるが、多原子イオンの名称はそのまま使われる。

リン酸アンモニウム $(NH_4)_3PO_4$ にはアンモニウムイオン NH_4^+ とリン酸イオン PO_4^{3-} の2種類の多原子イオンが含まれている。日本語の名称は、単に多原子イオンの「イオン」をはずした部分を陰イオン、陽イオンの順につないだものになる。

リン酸アンモニウムは、植物の成長に必要な窒素とリンを供給する肥料の成分として広く利用されている。

多原子イオンというのは、共有結合で結ばれた2つ以上の原子の集団がまとまって正または負のイオンになっているものである。

多原子イオンの例

BrO_3^-
臭素酸イオン

ClO_3^-
塩素酸イオン

NO_3^-
硝酸イオン

SO_4^{2-}
硫酸イオン

CO_3^{2-}
炭酸イオン

PO_4^{3-}
リン酸イオン

$CuSO_4$ のような3元のイオン結晶に遷移金属元素が含まれている場合にも、2元の場合と同じように金属イオンの価数を（　）の中にローマ数字で書いて硫酸銅（II）とする。

下の例の硝酸カルシウムの硝酸イオンやリン酸アンモニウムのアンモニウムイオンのように、組成式に同じ多原子イオンが2つ以上含まれる場合には、その多原子イオンを（　）で囲んで右下にその数を書く。

多原子イオンを含む身近な物質は家庭用漂白剤の主成分の次亜塩素酸ナトリウム $NaClO$ である。これに含まれている次亜塩素酸イオン ClO^- は酸素だけではなく塩素と酸素の2つの原子が全体として負のイオンになっている。

NO_3^-　$1-$

単原子金属イオン　　　多原子イオン

Ca^{2+}　$(NO_3)^-$

$Ca(NO_3)_2$

硝酸カルシウム

硫酸銅（II）は、プールの藻類の繁茂や白癬菌（はくせんきん）（水虫）の感染を防ぐために利用されている。

共有結合と分子のなりたち

ふつうの非金属元素は周期表の他の元素に比べて電気陰性度が高く、また原子の大きさが小さいので電子親和力が高い傾向がある。その結果、非金属元素が他の非金属元素や半金属元素と結合するときには、どちらの原子も電子を他方に渡してしまうことはしないで、安定な電子配置を求めて、双方の原子が最外殻電子を共有することになる。共有された電子は、結合している両方の原子の原子核と相互作用をしてそのエネルギーを下げる。この相互作用を「共有結合」という。多くの非金属元素の原子が次々に共有結合をすると「共有結合結晶」となる。

共有結合

原子や分子の中の2個ずつ対になった電子を**電子対**という。原子の中の対になっていない電子を**不対電子**といい、水素H原子には1個、塩素Cl原子にも1個の不対電子がある。他の原子と共有された電子は**結合電子対**（また

は共有電子対）となって共有結合を形成する。

他の原子と共有されていない電子対は**非結合電子対**、あるいは非共有電子対、**孤立電子対**とも呼ばれる。

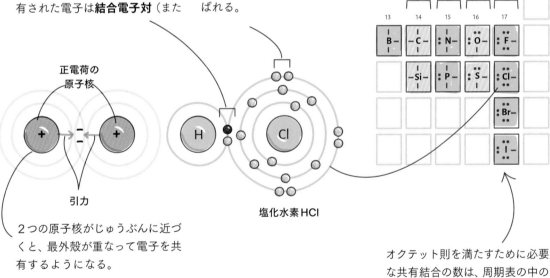

正電荷の原子核

引力

2つの原子核がじゅうぶんに近づくと、最外殻が重なって電子を共有するようになる。

塩化水素HCl

オクテット則を満たすために必要な共有結合の数は、周期表の中の位置で決まる。

13	14	15	16	17	18
¦B—	—C—	:N—	··O—	:F:	
—Si—	:P:	:S:	:Cl:		
			:Br—		
			:I—		

4つの共有結合が必要

3つの共有結合が必要

2つの共有結合が必要

共有結合は1つでよい

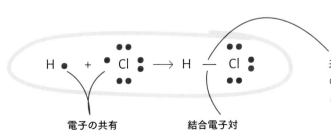

電子の共有　　結合電子対

共有された2つの電子を、原子間の共有結合を表す1本の線（価標という）で表現する。

非金属元素はデュプレット則、あるいはオクテット則を満たすために、1 電子対、2 電子対、ときには 3 電子対を共有して、**単結合、二重結合、三重結合**を作る。

水素分子H_2

単結合

多重結合の形成

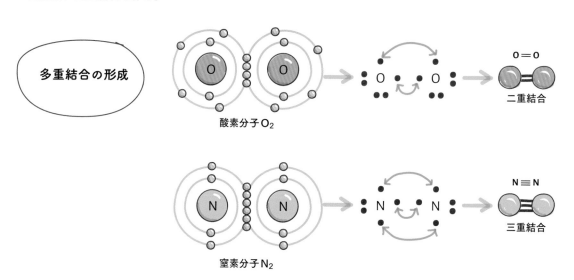

酸素分子O_2

二重結合

窒素分子N_2

三重結合

極性結合と無極性結合

結合している原子の電気陰性度の差が 0.4 以下ならば、電子は両方の原子に均等に共有されて**無極性結合**となる。

もし結合している原子の電気陰性度の差が 0.4 から 1.7 程度であれば、電子の分布が偏って**極性共有結合**となる。電気陰性度の差が大きくなると極性も大きくなって、イオン結合に近い性質を示すようになる。

電気陰性度の高い原子がより強く電子を引っ張り、負電荷の分布が大きく偏る。

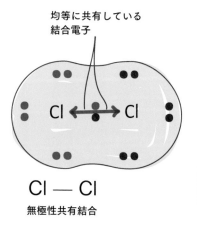

Cl — Cl

無極性共有結合

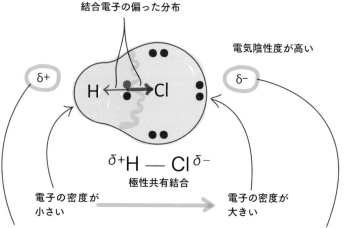

$^{\delta+}H — Cl^{\delta-}$

極性共有結合

分子の中で電子の密度が小さい領域には、やや正電荷が多いという意味でδ+の記号をつける。このδは小さな量という意味である。

分子の中で電子の密度が大きい領域には、やや負電荷が多いという意味でδ-の記号をつける。

いろいろな分子

2つ以上の原子が共有結合で結びつくと分子ができる。分子を単位として**分子結晶**と呼ばれる物質ができている。ここに紹介するように分子の成り立ちを元素記号で表現したものを**分子式**という。

分子は定比例の法則、倍数比例の法則（26ページ）に従って構成されている。

分子の英語名には、それぞれの元素の数を示す上記の接頭語が使われている。二酸化炭素はカーボン**ダイ**オキサイド、一酸化炭素ならカーボン**モノ**オキサイド。

共有結合をする相手の原子の数がいつも同じ場合には塩化カルシウム $CaCl_2$ のように分子の名称に原則として数字はつけないが、窒素や炭素のように相手の原子数が違うことがある場合には数字をつけて混乱を防ぐ。OF_2 はニフッ化酸素、O_2F_2 はニフッ化二酸素、O_3F_2 はニフッ化三酸素となり、化学式の先頭の元素が1個の場合には日本語の名称にその「一」は不要である。

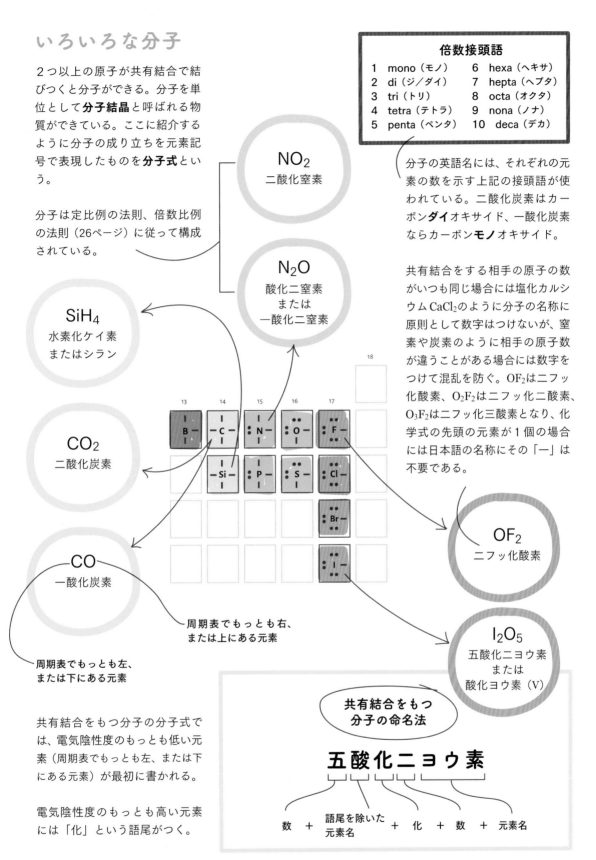

NO_2
二酸化窒素

N_2O
酸化二窒素
または
一酸化二窒素

SiH_4
水素化ケイ素
またはシラン

CO_2
二酸化炭素

CO
一酸化炭素

OF_2
ニフッ化酸素

I_2O_5
五酸化ニヨウ素
または
酸化ヨウ素（V）

周期表でもっとも右、または上にある元素

周期表でもっとも左、または下にある元素

共有結合をもつ分子の分子式では、電気陰性度のもっとも低い元素（周期表でもっとも左、または下にある元素）が最初に書かれる。

電気陰性度のもっとも高い元素には「化」という語尾がつく。

共有結合をもつ分子の命名法

五酸化ニヨウ素

数 ＋ 語尾を除いた元素名 ＋ 化 ＋ 数 ＋ 元素名

〔訳注：化合物の日本語による命名法は「IUPAC（国際純正・応用化学連合）命名法」に準拠して日本化学会が制定したもので、本書もそれに従っている。〕

金属結合

すべての元素の種類のおよそ３分の２、地球の質量の約24％は金属である。純粋な金属でも、他の金属と混ざって合金になっていても、その融点は高く、原子間の結合が強いことを示している。金属原子間の結合を金属結合と呼ぶが、それはイオン結合や共有結合とはまったく異なっている。金属結合を説明するために「電子の海」というモデルが使われる。

金属の原子は、3次元の空間で結合すると規則的な配列となる。このような原子の配列を**結晶格子**と呼ぶ。

結晶格子の中ではどの金属原子も別の金属原子に取り囲まれている。

金属原子は、その最外殻の電子を**電子の海**に放出して陽イオンになる。これを負電荷の電子の海に浮かぶ陽イオンと考えてもよい。

放出された最外殻の電子は緩やかにしかつながっておらず、結晶格子中を自由に動き続けることができる。**自由電子**と呼ばれるこの電子が陽イオンを結合させている。

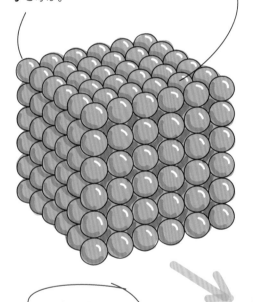

結晶格子

金属原子間には電気陰性度の差がないので、金属結合には共有結合のような方向性は存在しない。金属原子間の結合の強さは、電気陰性度ではなく自由に動く電子の数によって決まる。

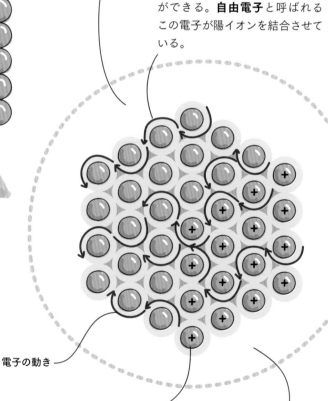

電子の動き

金属の陽イオン

自由電子の海

金属の光沢

光の吸収体でもあり、反射体でもある金属の光沢の原因は、最外殻の電子が自由電子となって動けることである。

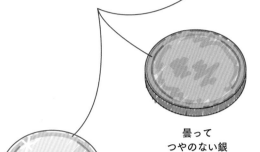

美しく輝く銀

曇って
つやのない銀

美しく輝く金

光、つまり電磁波が金属の表面に当たると、表面付近の自由電子と入射した電磁波が相互作用をして、広い波長域の可視光を反射するので、いわゆる金属の色に輝いて見える。

金属が反射する光は可視光のスペクトルのあらゆる波長を含んでいるが、すべてが同じ割合ではない。そのため、多くの金属の色は灰白色だけれども、金や銅のように違う色もある。

単体の金属の結晶はすべて同じ大きさの陽イオンを3次元にすきまなく並べた構造になっている。そのような構造には3種類あり、その1つは95ページの下に示した銀の結晶で、この最密な構造を面心立方格子という。

入射する
可視光

反射する光

自由電子の海

金属の輝き

鏡のしくみ

銀の原子

光

透明なガラス

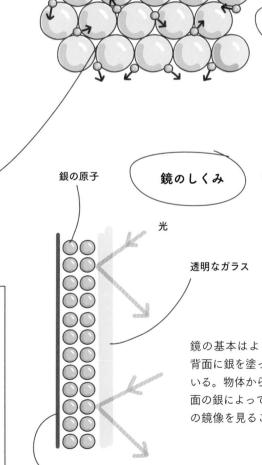

時間が経つと、金属の表面は汚れたりさびたりして光沢を失う。そうなった表面はもはや金属ではなく、電子が自由には動けない別の化合物になっている。銀は周辺のもの（ゴム、漂白剤など）から出る硫黄や塩素に触れると表面が変色する。磨いてこの変色を除くと、もとの光沢を取り戻すことができる。

黒い背板

鏡の基本はよく反射する金属で、背面に銀を塗ったガラスでできている。物体からの光がガラスの背面の銀によって反射されて、物体の鏡像を見ることができる。

イオン結晶と分子結晶

共有結合を含む化合物とイオン結合による化合物とは、物理的な性質がかなり異なっている。イオン結合によって原子が規則的に配列したイオン結晶中のイオンどうしの相互作用は極めて強く、またその結晶全体のどこでも等しい。共有結合を含む化合物には、すべての原子が共有結合によって結びついている共有結合結晶と呼ばれるものと、共有結合でできた分子が分子間に働く弱い力で集まった分子結晶と呼ばれるものがある。共有結合結晶は94ページで紹介するように硬く強い結晶であるが、分子結晶の結びつきは弱くて、酸素や二酸化炭素のように室温では固体にならないものが多い。

イオン結晶の陽イオンと陰イオンの間には強い静電気による引力が働くので硬い固体になるが、展性がなくてもろい。そして結晶の融点はとても高い。

物質が陽イオンと陰イオンに分かれることを**電離**といい、塩化ナトリウム NaCl のように水に溶けて電離する物質を**電解質**という。また、水に物質を溶かしたものを水溶液（108ページ）という。電解質の水溶液は**電解液**と呼ばれて、電気伝導性を示す。

第7章で説明するように、分子間に働く力は弱いので、**分子結晶**は室温で気体や液体であることが多い。無極性の分子からなる結晶は分子間の力が特に弱く、昇華しやすい。固体になっても展性がなくもろいか柔らかく、融点や沸点もかなり低い。

分子結晶の多くは水に溶けない。ショ糖 $C_{12}H_{22}O_{11}$ のように水に溶けるものも、イオンにまでは分解しない。この水溶液は**非電解質**であって電気伝導性もない。

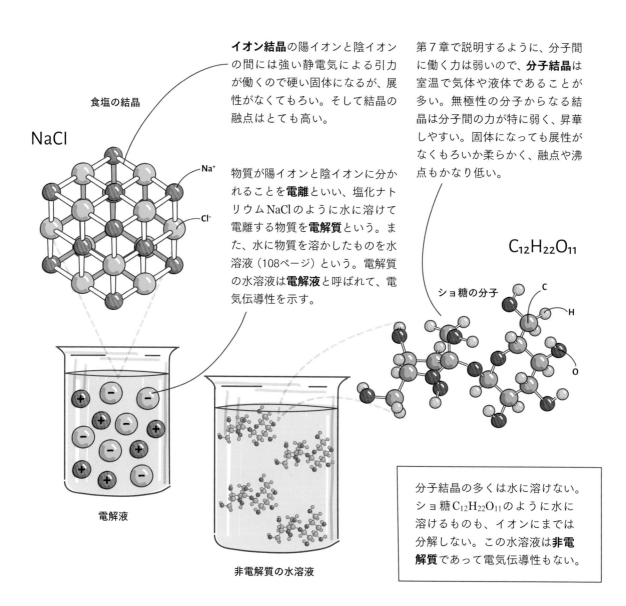

食塩の結晶

NaCl

Na$^+$

Cl$^-$

$C_{12}H_{22}O_{11}$

ショ糖の分子

C

H

O

電解液

非電解質の水溶液

電解質と健康

人体の96.2％は酸素、炭素、水素、そして窒素である。残り3.8％に含まれるナトリウム、カリウム、マグネシウムなどの16種類の元素を必須ミネラルと呼ぶ。これらの元素は体内では合成できないので、人は食物や飲み物として摂取し、体内に大量にある水によってこれらのイオンの化合物を溶かし出す。必須ミネラルから取り込まれた電解質が人体を循環して、生体の機能を維持している。

電解質が欠乏すると、心臓や筋肉の不具合、不安、疲労、めまい、不眠、頻繁な頭痛、体液の不均衡などの健康上の問題を引き起こす。

いろいろな食品や飲料を使ってバランスの取れた食事をすることで、人は電解質を摂取することができる。

Na⁺
ナトリウム
イオン

ナトリウムイオンは体液のバランス、神経の機能、筋肉の収縮などを維持する。

Cl⁻
塩素イオン

塩素イオンは体液のバランスを維持する。

K⁺
カリウム
イオン

カリウムイオンは心臓の収縮のリズムを整え、体液のバランスを維持する。

Ca²⁺
カルシウム
イオン

カルシウムイオンは筋肉の収縮、神経の機能、血液の凝固、細胞分裂、そして骨や歯の健康を整える。

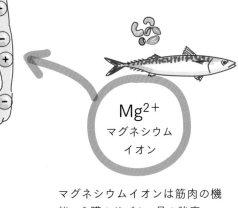

Mg²⁺
マグネシウム
イオン

マグネシウムイオンは筋肉の機能、心臓のリズム、骨の強度、エネルギーの生成などを調整する。

人体の70％は水。

CaCl₂は土ぼこり発生防止剤

共有結合

非金属元素どうしか、非金属元素と半金属元素の結合。

イオン結晶

陽イオンと陰イオンが規則正しく並んでできている。

イオン結合

金属元素と非金属元素の結合。

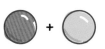

3種類の化学結合

金属結合

金属元素どうしの結合。

化学結合

硬いけれどももろい固体。

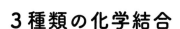

イオン結晶

分子結晶

室温では気体か液体が多い。

イオン結晶と分子結晶

電解質

水に溶けてイオンになる。

非電解質

水に溶けてもイオンにならない。

電解質の働き

人体の機能を維持する必須ミネラルなど。

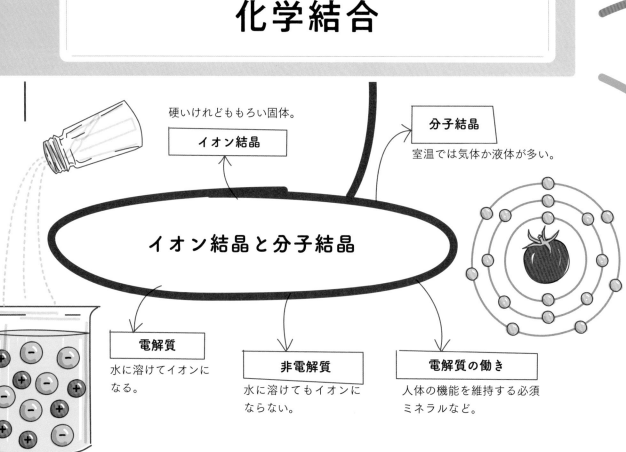

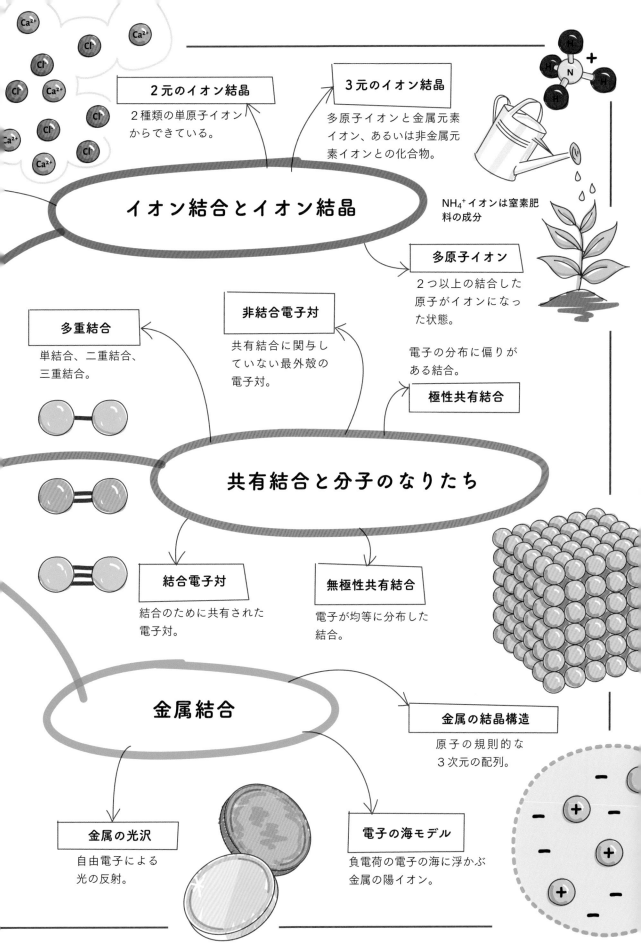

2元のイオン結晶

2種類の単原子イオンからできている。

3元のイオン結晶

多原子イオンと金属元素イオン、あるいは非金属元素イオンとの化合物。

イオン結合とイオン結晶

NH_4^+ イオンは窒素肥料の成分

多原子イオン

2つ以上の結合した原子がイオンになった状態。

多重結合

単結合、二重結合、三重結合。

非結合電子対

共有結合に関与していない最外殻の電子対。

電子の分布に偏りがある結合。

極性共有結合

共有結合と分子のなりたち

結合電子対

結合のために共有された電子対。

無極性共有結合

電子が均等に分布した結合。

金属結合

金属の結晶構造

原子の規則的な3次元の配列。

金属の光沢

自由電子による光の反射。

電子の海モデル

負電荷の電子の海に浮かぶ金属の陽イオン。

分子の構造

　物質には固体、液体、気体という３つの状態がある。これを物質の三態という。ある物質が室温でどの状態になるかは、物質中の粒子どうしにどのような力が働いていて、どのように集まっているかによって決まる。物質を構成する粒子は、温度が高いほど激しく熱運動をしている。第６章で紹介した分子結晶を構成する分子の間には、互いに引きあい集まろうとする「分子間力」という力が働いている。分子結晶の状態は、この分子間力と熱運動の大きさの関係で決まる。この章では分子の形と分子間力の働き方について学ぶ。

　分子間力は、おもに分子の幾何学的な形と極性によって決まっている。分子間力とその強さが分子でできた物質の性質を決めていると言ってもよい。たとえば水分子は、酸素原子と２つの水素原子が一直線で結合しているのではなく、104.5°という角度の折れ線形になっている（87ページ）。このような形なので水分子には極性があり、いろいろな物質を溶かすことなど、水という物質の特徴が出現しているのである。

分子の構造の書き方

分子を2次元に表示するルイスの電子式の方法（67ページ）を使えば、最外殻の電子が不対電子であるのか、共有結合の一部になっているのかがわかりやすい。ドットを使ったこの表現による情報は、分子間力の形や強度とともに分子の極性の予想にも使える。氷は水よりも密度が小さいので水に浮かぶ、ということも水分子の構造から直接理解できる。

電子をドットで表現するときには、最初にもっとも電気陰性度の低い元素を中心に置いて分子の骨組みを作り、次に共有結合で**中心原子**と端の原子をつなぐ。H原子は電子が1個しかないので端の原子にしかならない。

中心原子が2個以上ならば、骨組みを作る際、端の原子は中心原子に公平に分配される。

この方法で分子の最外殻の電子の分布を作ると、分子の姿を平面に置いて見ることができる。

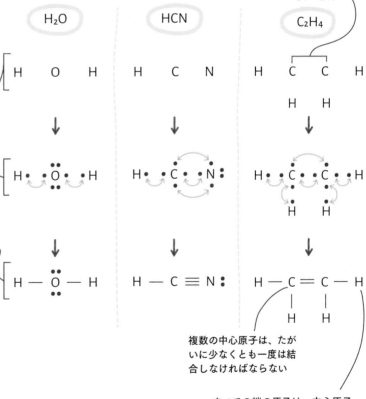

中心原子が2個の場合

H_2O HCN C_2H_4

ステップ1 もっとも電気陰性度の低い元素を中心原子として真ん中に描いて、骨組みとする。

ステップ2 それぞれの原子の最外殻の電子をドットで描いて、中心原子との共有結合を作る。

ステップ3 共有結合を線（価標）にして孤立電子対と区別する。

ステップ4 オクテット則を満たすために必要な場合には、不対電子を使って二重、三重の結合を作る。価標にならなかったドット2つが孤立電子対1つになって残る。

複数の中心原子は、たがいに少なくとも一度は結合しなければならない

すべての端の原子は、中心原子のどれかと少なくとも一度は結合しなければならない

ドットを使うこの方法で、すべての原子とすべての共有結合を2次元の平面に描くことができる。これは分子の立体的な構造を示してはいないけれども、電子の分布と結合に関してこの図からわかることはとても役に立つ。上の分子は左から水、シアン化水素、エチレンである。

原子価殻電子対反発則
——分子の幾何学

分子の中の共有結合の配置を決めるのは、電子の負電荷どうしの反発力である。「原子価殻電子対反発則（VSEPR理論）」は、孤立電子対や単結合、二重結合、あるいは三重結合などの電子のグループがたがいに反発し合うという考え方に基づいている。この理論は、分子の中心原子を取り巻く電子対どうしの反発力の結果として、電子対の配置に特徴的な立体構造が現れることに注目している。「名前が長くて意味がわからない！」と言われそうな規則だけれども、要するに反発し合う相手とはなるべく離れていようという考え方である。

電子対の幾何学的な配置

中心原子を取り巻く電子対の間には反発力が働くので、電子対のたがいの角度は、電子対がいくつあるかによって決まる。

たがいに反発し合う電子対には3つの組み合わせがある。すなわち、**結合対と結合対、孤立対と結合対**、そして**孤立対と孤立対**である。

結果として、中心原子のまわりで電子対どうしが幾何学的にもっとも遠くなるような角度をとった配置が実現する。この電子対間の角度を**結合角**という。

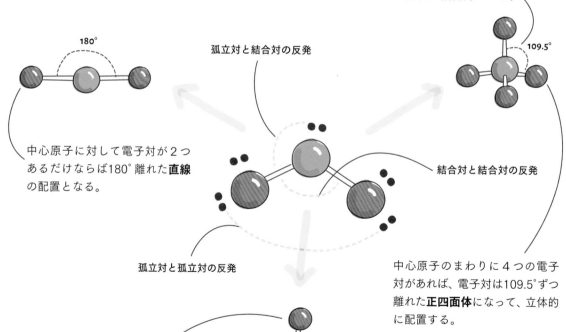

180°

孤立対と結合対の反発

109.5°

結合対と結合対の反発

中心原子に対して電子対が2つあるだけならば180°離れた**直線**の配置となる。

孤立対と孤立対の反発

中心原子のまわりに4つの電子対があれば、電子対は109.5°ずつ離れた**正四面体**になって、立体的に配置する。

中心原子のまわりに3つの電子対があれば、120°ずつ離れた**三角形**の平面的な配置となる。

120°

〔訳注：VSEPR理論を最初に提唱したのは日本の槌田龍太郎（1939年）であったが、国内向けの論文誌への掲載だったので、1940年にイギリスの化学者によって発表されたものが広く知られることになった。〕

分子の形

中心原子の周囲がすべて結合電子対であれば、分子の形は直線、三角形、正四面体の配置のどれかになる。もし中心原子に孤立電子対があれば、電子対の組み合わせによって結合角が異なるという**結合角の歪み**が生じる。動きの

自由度が大きい孤立電子対は他の結合電子対を押しのけて、結合電子対どうしの結合角を全部が結合対であるときの角度より小さくする。つまり孤立電子対どうしの反発が一番大きく、結合電子対どうしの反発が一番弱い。孤

立電子対と結合電子対の反発の強さはその中間である。CO_2のような二重結合による直線配置の分子では孤立電子対がないので結合角の歪みは現れない。

孤立電子対が存在しなければ、電子対は結合角に歪みのない正四面体配置をとる。

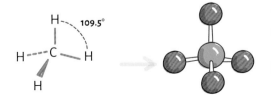

すべての電子対に結合の相手があるので、メタンCH_4分子の形はすべて同じ結合角の正四面体となる。

四面体配置の中心原子に孤立電子対が1つあると、結合電子対どうしの結合角が小さくなる。

結合角の歪み

孤立電子対に押し下げられた3つの結合電子対によってアンモニアNH_3分子の形は三角錐となる。

四面体配置の中心原子に2つの孤立電子対があると、結合角はさらに小さくなる。

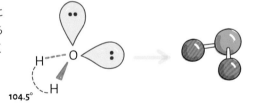

水H_2O分子は、上の2つの例よりも結合電子対の角度がさらに小さい折れ線型になる。

二酸化硫黄SO_2の構造は少しわかりにくいが、ドットの記号で考えると、中心原子のSには単結合の電子対と二重結合の電子対および孤立電子対が1つずつついている。したがって平面三角形の配置となり、実際の結合角は120°よりわずかに小さい。

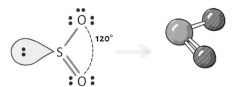

結合電子対が2つ、孤立電子対が1つなので分子は折れ線型になる。

中心原子の孤立電子対が増えるにつれて、結合角の歪みは大きくなる。

実際の分子の形は、共有結合による電子対の配置でほとんど決まっている。

化学では分子の立体的な構造を平面上に表現するために次のような約束が使われている。紙面上にある結合は実線で、ある原子から紙面の奥方向へ伸びる結合は破線、ある原子から紙面の手前方向に伸びる結合は手前の方が広がったくさび形で描かれる。こうして上の左側の図を見ればCH_4が右の結合模型のような正四面体であることがわかる。雲のような形に描かれているのは孤立電子対であって右側の模型には現れない。

分子の形と極性

76ページで述べたように共有結合をしている2原子間で共有されている電子対が原子の電気陰性度の違いによってどちらかの原子に偏って分布することがある。このことを結合に「極性」があるという。分子は極性の有無によって「極性分子」と「無極性分子」に区分される。分子の幾何学的配置を見れば、1つの分子の中のすべての原子について、その価電子がどのように分布しているかがわかる。分子内に電子が不均一に分布していれば、場所によって電子の密度の高いところと低いところができるので、分子には極性が現れる。一方で電子が均等に分布していれば無極性分子となる。分子全体では電荷は中性であるが、極性分子では同じ大きさで符号の異なる電荷が分子内でわずかな距離だけ離れて分布している。このような大きさが等しくわずかに離れた正負の電荷の対を「双極子」と呼ぶ。

中心原子に孤立電子対がなく、ついている原子がすべて同じならば分子は無極性になる。ついている原子が同じでなく、電気陰性度が異なっていれば、極性分子となる。

中心原子に孤立電子対があると結合角が歪み、不均一な電子分布となるので、分子は極性になりやすい。

水分子の電子は電気陰性度の高い酸素の方へ引っ張られ双極子になる。

細く流れ落ちている水に、こすったプラスチックのストローなどを近づけると水流が曲がる。これはストローに発生した負電荷（静電気）が双極子になっている水分子の正電荷を引き寄せるからである。

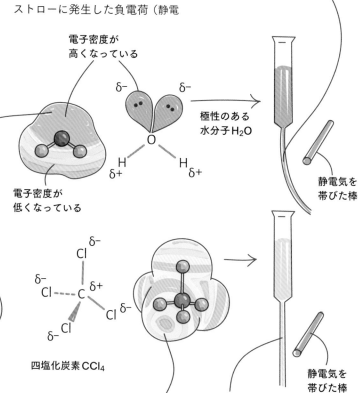

電子密度が高くなっている

$\delta-$　$\delta-$

極性のある水分子 H_2O

電子密度が低くなっている

H　$\delta+$　$\delta+$　H

O

静電気を帯びた棒

クロロメタン CH_3Cl

$\delta-$ Cl

$\delta+$ H — C $\delta+$ H

$\delta+$ H

四塩化炭素 CCl_4

$\delta-$ Cl

$\delta-$ Cl — C $\delta+$ Cl $\delta-$

$\delta-$ Cl

静電気を帯びた棒

塩素 Cl は水素 H に比べて電気陰性度が高いので、電子分布が偏ってクロロメタン分子は双極子になる。

中心原子についている原子がすべて同じ Cl なので電子分布はどの方向も同じで無極性である。

電荷が偏っていない無極性の分子は、外部の電荷に引き寄せられることはない。

似たものどうしはよく溶ける

極性分子と無極性分子には大きな違いがある。水は極性の強い物質で、他の極性のある物質を引きつけ、あるいはよく混ざる。これは「**似たものどうしはよく溶ける**」ということばで知られている事実である。言い換えれば、極性分子は水のような極性の溶媒に溶け、無極性分子は油のような無極性の溶媒に溶けるということである（溶媒の説明は109ページ）。たとえばコロナウイルスの表面は無極性の脂肪分子なので、水だけでこのウイルスを無力化することはできない。

界面活性剤と呼ばれる洗剤の分子には、極性の頭部と無極性の尾部がある。洗剤の分子は水中で、親水性の頭部を外側にした**ミセル**という分子の塊になる。洗濯中には、ミセルを形成する分子の親油性の尾部が、汚れの成分である脂肪分子を吸着して取り込む。こうして洗剤は衣類から水だけでは除去できない汚れを取り除くが、洗濯液の中の洗剤の濃度がある程度高くないとミセルは有効に働かない。

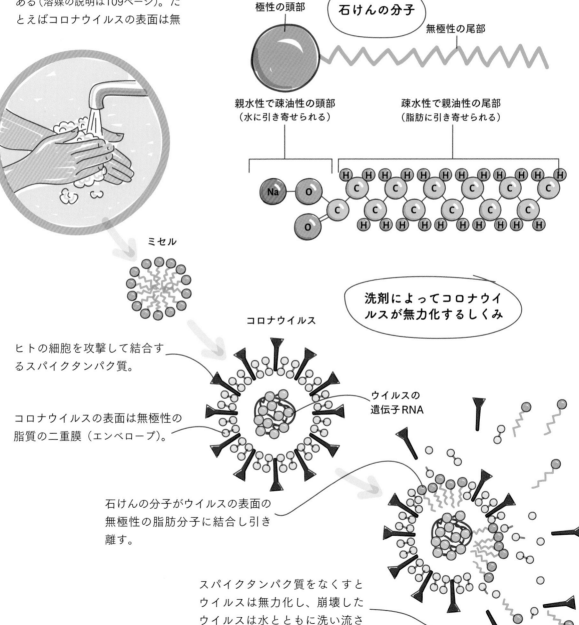

石けんの分子

極性の頭部

無極性の尾部

親水性で疎油性の頭部
（水に引き寄せられる）

疎水性で親油性の尾部
（脂肪に引き寄せられる）

ミセル

洗剤によってコロナウイルスが無力化するしくみ

コロナウイルス

ヒトの細胞を攻撃して結合するスパイクタンパク質。

コロナウイルスの表面は無極性の脂質の二重膜（エンベロープ）。

ウイルスの遺伝子RNA

石けんの分子がウイルスの表面の無極性の脂肪分子に結合し引き離す。

スパイクタンパク質をなくすとウイルスは無力化し、崩壊したウイルスは水とともに洗い流されてしまう。

分子間力

イオン結晶や金属結晶では、最外殻の価電子の働きで多数の原子が規則正しく配列して固体になっている。一方で共有結合をしてできた分子も集まって固体になることがある。分子でできた結晶は分子どうしが十分に近づいたときに分子間に働く引力によって結びついている。これが「ファンデルワールス力」と呼ぶ分子間力で、分子どうしで価電子を共有しているわけではない。分子間力は分子内に働いている力に比べれば遥かに弱いが、物質の物理的な性質には重要な役割を果たす。

分子間力の強さ

水 H_2O は水素原子と酸素原子の共有結合によって折れ線形の分子になっているが、同時に水分子と水分子の逆符号の電荷の部分には分子間力という引力が働いている。

分子間力の型と強さは分子の極性によって決まる。固体では分子間力が強く働いて分子や原子は近接している。

気体の分子はたがいに離れていて分子間力の働きは小さい。

液体の分子は接触しているが、動き回ることができて分子間力は気体と固体の中間である。

加熱すると熱運動に比べて相対的に分子間力は弱まり、融解して固体から液体へ、さらに蒸発して液体から気体へという変化が起こる。

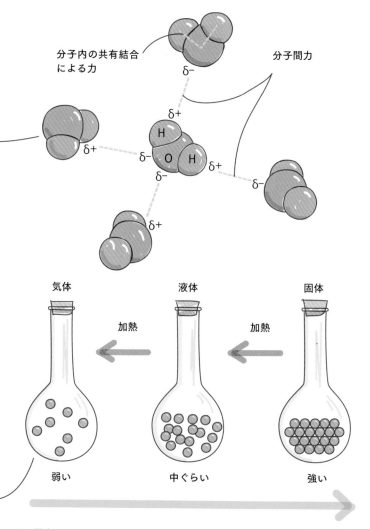

分子内の共有結合による力

分子間力

気体　　　液体　　　固体

加熱　　　加熱

弱い　　　中ぐらい　　　強い

分子間力は弱い　　　　　　分子間力は強い

いろいろな分子間力

ロンドン分散力と呼ばれる引力は極めて弱い。この力はいろいろな分子間に存在するが、無極性の分子の間にはこの力しか働かない。

無極性分子の電子の分布は極めて均一で、ふつうは双極子にはならない。

無極性分子が他の分子と接近したときに、ごく短い時間だけ双極子になることがある。この現象を「双極子が誘起される」といい、この**誘起された双極子**は、同じ試料の中で別の誘起された双極子と相互作用をして、微弱で瞬間的なロンドン分散力を発生させることがある。

ロンドン分散力はすぐに消えてしまう。この力には分子を液体や固体にするほど十分に近づけるような強さはないので、無極性分子の多くは室温では気体である。

ロンドン分散力

2つの無極性の分子が接近する

電子の雲

H — H   H — H

一時的に電荷が偏って正負の電荷の対、つまり双極子になる

$\delta-$　$\delta+$
H — H   H — H

極性の発生した分子が付近の分子の電子雲に影響を与えて、双極子を誘起することがある

誘起された双極子

$\delta-$　$\delta+$　$\delta-$　$\delta+$
H — H ⟷ H — H

一時的に誘起された双極子どうしに引力が働く

これがロンドン分散力

双極子どうしの相互作用

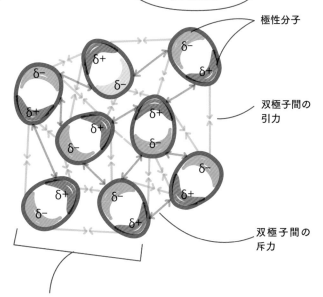

極性分子

双極子間の引力

双極子間の斥力

塩化水素 HCl のような極性分子では価電子の電荷分布が偏っている（76ページ）。このように極性分子につねに存在する正負の電荷の対を**永久双極子**という。永久双極子間の、正負に帯電した領域どうしにはそれぞれに引力と斥力が働くが、ふつうは引力の方が優勢である。これらの力は**双極子－双極子相互作用**と呼ばれて、ロンドン分散力よりもずっと強い。

分子間力には、永久双極子間に働く力、永久双極子と誘起された双極子との間の力、一時的に誘起された双極子どうしにはたらく分散力の3種類がある。

永久双極子になっている極性分子の間には、引力と斥力が同時に働く

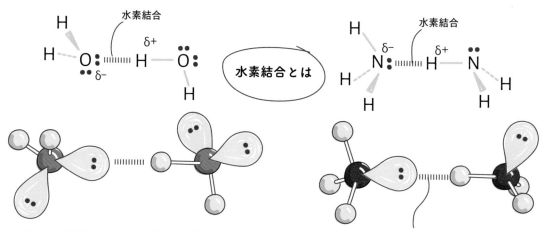

水素結合とは

水素結合は双極子どうしの相互作用の1つであるけれども、例外的に強いので区別されることが多い。水素結合は、極性分子の中の水素原子がF、O、N原子と直接つながるとできる。分子の中にH–F、H–O、あるいはH–Nの共有結合がなければ水素結合にはならない。

水素結合は極性分子の双極子間に形成される。その結合は他の双極子どうしの相互作用よりも強いので、たとえば水のような水素結合のある物質は室温では気体ではなく液体である。

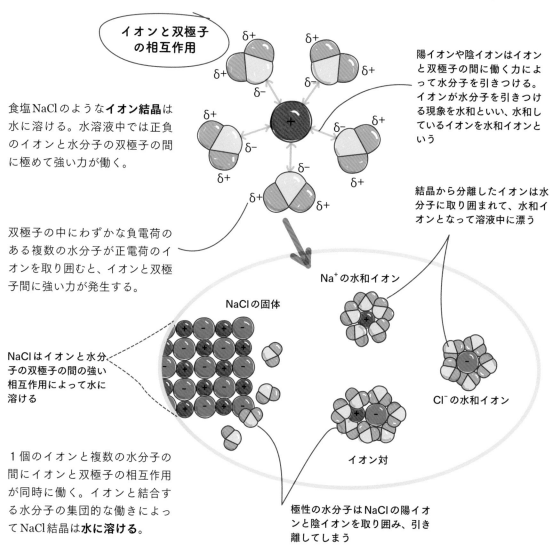

イオンと双極子の相互作用

食塩NaClのような**イオン結晶**は水に溶ける。水溶液中では正負のイオンと水分子の双極子の間に極めて強い力が働く。

陽イオンや陰イオンはイオンと双極子の間に働く力によって水分子を引きつける。イオンが水分子を引きつける現象を水和といい、水和しているイオンを水和イオンという

双極子の中にわずかな負電荷のある複数の水分子が正電荷のイオンを取り囲むと、イオンと双極子間に強い力が発生する。

結晶から分離したイオンは水分子に取り囲まれて、水和イオンとなって溶液中に漂う

NaClの固体

Na⁺の水和イオン

NaClはイオンと水分子の双極子の間の強い相互作用によって水に溶ける

Cl⁻の水和イオン

イオン対

1個のイオンと複数の水分子の間にイオンと双極子の相互作用が同時に働く。イオンと結合する水分子の集団的な働きによってNaCl結晶は**水に溶ける**。

極性の水分子はNaClの陽イオンと陰イオンを取り囲み、引き離してしまう

水素結合の働き

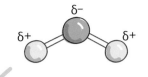

液体となって自由に動き回る水分子は極性である。この動きの中で分子間の水素結合ができたり、壊れたりを繰り返している。

雪の結晶はこの六角形がさまざまな条件のもとで成長して、美しい幾何学模様となる。

水の温度が下がると、分子の動きが遅くなって水素結合は強くなる。凝固点に達すると分子はほとんど動かなくなり、酸素原子Oを頂点とする六角形の配置になって、酸素原子と酸素原子の間を1個の水素原子Hが水素結合でつなぐ形となる。

凝固点以下の温度が続くと、六角形の配置は3次元のネットワークへと成長して氷の結晶になる。

液体の水では向きがばらばらな水分子がでたらめにつまった状況である。4℃以下になると1個の水分子の回りに4個の水分子が水素結合を作って整列しはじめ、固体になるとすき間の多い正四面体の構造となる。液体のときよりも体積が増えて密度が小さくなるので氷は水に浮く。

氷はなぜ水に浮くのか？

固体状態の水の分子は、正四面体を形成するように配列する

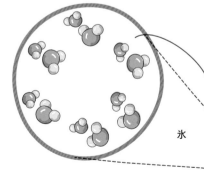

氷

水

水分子が水素結合で正四面体をつくってつながると、すき間が多い。

低温の液体の水分子は向きが揃っていないのですき間が少ない。

結晶の形成

固体の結晶は、結晶を構成する粒子の種類と、粒子を結びつけている力の種類で分類される。分子どうし、イオンどうし、原子どうしなど、粒子によってその間に働く力の強さと結晶の構造が異なっている。固体の結晶の示す性質は、粒子を結合している力の型と強さを反映している。

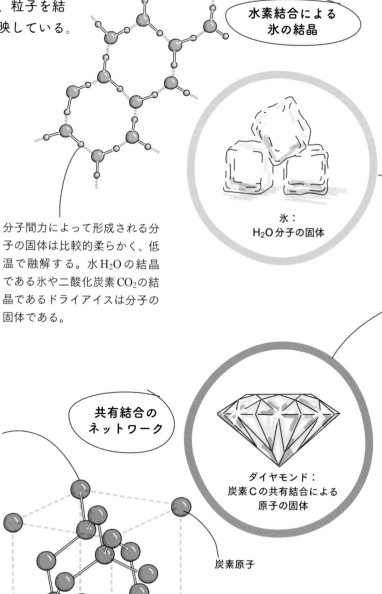

水素結合

**水素結合による
氷の結晶**

氷：
H_2O分子の固体

固体の結晶を、構成する粒子によって分けると、**分子の固体**、**イオンの固体**、**原子の固体**の3種類になる。原子の固体は原子間に働く力によってさらに**非結合性の固体**、**金属結合の固体**、**共有結合の固体**に分けられる。

分子間力によって形成される分子の固体は比較的柔らかく、低温で融解する。水 H_2O の結晶である氷や二酸化炭素 CO_2 の結晶であるドライアイスは分子の固体である。

**共有結合の
ネットワーク**

ダイヤモンド：
炭素Cの共有結合による
原子の固体

原子がたがいに強い共有結合でつながっている共有結合性の固体は極めて硬く、耐久性があって融点が高い。ダイヤモンドを代表とするその結合力は、自然界でももっとも強いものとして知られている。ダイヤモンドの1個の炭素原子は、周囲の4個の炭素原子との角度の決まった強力な共有結合のネットワークによって結晶になっている。

炭素原子

単位胞

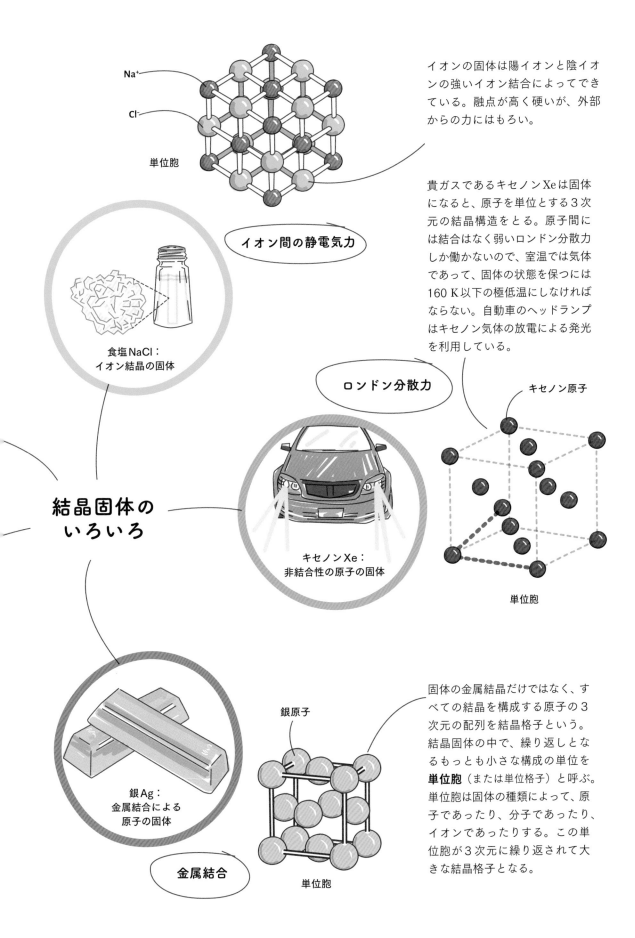

Na⁺

Cl⁻

単位胞

イオン間の静電気力

食塩NaCl：
イオン結晶の固体

イオンの固体は陽イオンと陰イオンの強いイオン結合によってできている。融点が高く硬いが、外部からの力にはもろい。

貴ガスであるキセノンXeは固体になると、原子を単位とする3次元の結晶構造をとる。原子間には結合はなく弱いロンドン分散力しか働かないので、室温では気体であって、固体の状態を保つには160 K以下の極低温にしなければならない。自動車のヘッドランプはキセノン気体の放電による発光を利用している。

ロンドン分散力

キセノンXe：
非結合性の原子の固体

キセノン原子

単位胞

結晶固体の
いろいろ

銀原子

固体の金属結晶だけではなく、すべての結晶を構成する原子の3次元の配列を結晶格子という。結晶固体の中で、繰り返しとなるもっとも小さな構成の単位を**単位胞**（または単位格子）と呼ぶ。単位胞は固体の種類によって、原子であったり、分子であったり、イオンであったりする。この単位胞が3次元に繰り返されて大きな結晶格子となる。

銀Ag：
金属結合による
原子の固体

金属結合

単位胞

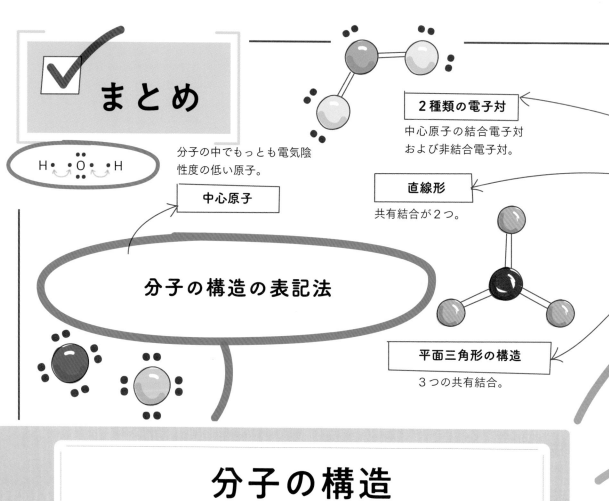

まとめ

H ⠂⠂O⠂⠂ H

分子の中でもっとも電気陰
性度の低い原子。

中心原子

2種類の電子対

中心原子の結合電子対
および非結合電子対。

直線形

共有結合が2つ。

分子の構造の表記法

平面三角形の構造

3つの共有結合。

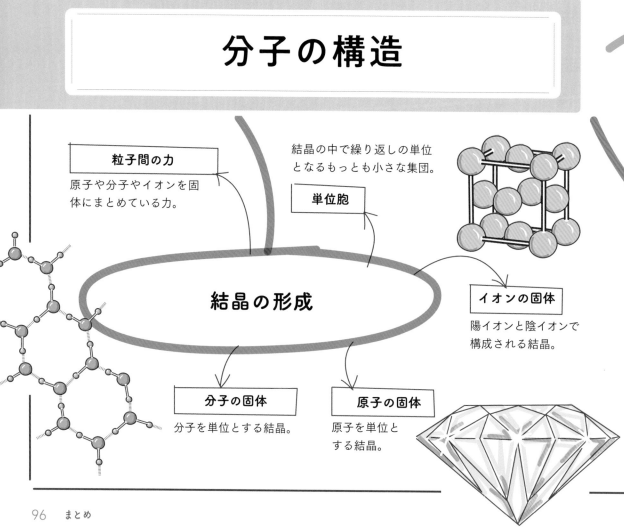

分子の構造

粒子間の力

原子や分子やイオンを固
体にまとめている力。

結晶の中で繰り返しの単位
となるもっとも小さな集団。

単位胞

イオンの固体

陽イオンと陰イオンで
構成される結晶。

結晶の形成

分子の固体

分子を単位とする結晶。

原子の固体

原子を単位と
する結晶。

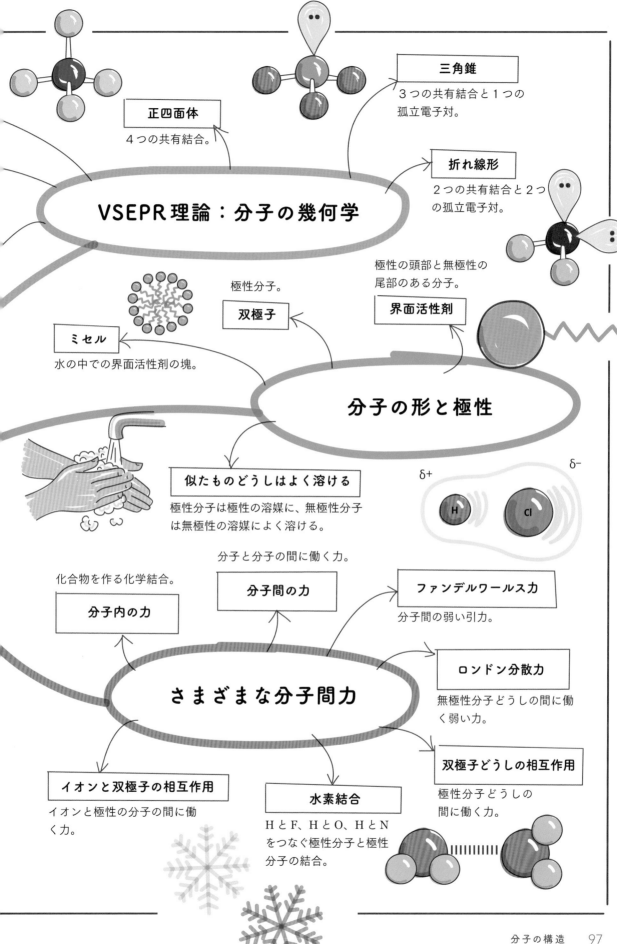

三角錐
3つの共有結合と1つの
孤立電子対。

正四面体
4つの共有結合。

折れ線形
2つの共有結合と2つ
の孤立電子対。

VSEPR理論：分子の幾何学

極性の頭部と無極性の
尾部のある分子。

極性分子。

双極子

界面活性剤

ミセル
水の中での界面活性剤の塊。

分子の形と極性

似たものどうしはよく溶ける
極性分子は極性の溶媒に、無極性分子
は無極性の溶媒によく溶ける。

δ^+ δ^-

化合物を作る化学結合。

分子と分子の間に働く力。

分子内の力

分子間の力

ファンデルワールス力
分子間の弱い引力。

ロンドン分散力
無極性分子どうしの間に働
く弱い力。

さまざまな分子間力

双極子どうしの相互作用
極性分子どうしの
間に働く力。

イオンと双極子の相互作用
イオンと極性の分子の間に働
く力。

水素結合
HとF、HとO、HとN
をつなぐ極性分子と極性
分子の結合。

化学反応と化学量論

　水が固体、液体、気体と変化をしても水分子は水分子の
ままである。このような状態の変化は物理変化である。こ
れに対して化学変化とは、たとえば気体の水素と気体の酸
素から水ができるように、2つ以上の物質の原子がくっつ
いたり、離れたり、組み替わったりして、もととは異なる
物質が生成されることである。このような化学変化の起
こる過程を「化学反応」と呼んでいる。化学反応は原子
核の反応ではないので、別の元素に変わったりはしな
い。つまり、化学反応に関係する原子の個性が変化す
ることはない。反応によって変化する物質を反応物
といい、反応の結果として新しく作られる物
質を生成物という。反応中に反応物の分子の
化学結合が壊れて、同時に生成物の分子の化
学結合が新しく作られる。

　原子や分子などの物質の組成を元素記号で
書いたものを化学式という。この章では化学
式を使って化学反応を正しく表現することを
学ぶ。さらにモルの概念を使って物質量の
計算をすれば、化学反応を実際に計画する
ことができる。

化学反応式の書き方

化学式を使って化学反応を表した式を「化学反応式」または「反応式」という。化学反応式を使えば、目的の生成物を作るために必要な反応物やその量を決めることができる。化学反応式には、化学式が正しく使用されて、質量の保存則が厳密に満たされていなければならない。

化学反応式

化学反応式は矢印によって**反応物**と**生成物**を分けている。反応物や生成物が複数あるときには＋記号を使う。

反応物と生成物の状態がわかると便利なので、必要に応じて小文字のアルファベットを使って、固体ならば (s)、液体ならば (l)、気体ならば (g)、水に溶けた状態には (aq) を添える。

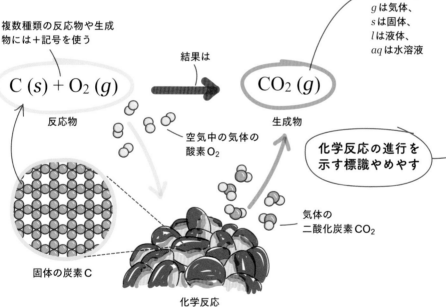

複数種類の反応物や生成物には＋記号を使う

結果は

物質の状態
g は気体、
s は固体、
l は液体、
aq は水溶液

$$C\,(s) + O_2\,(g) \longrightarrow CO_2\,(g)$$

反応物

生成物

空気中の気体の酸素 O_2

化学反応の進行を示す標識やめやす

気体の
二酸化炭素 CO_2

固体の炭素 C

化学反応

化学反応の種類によって、変化の終わり方もさまざま。色や温度が変わる、光や音や気泡が発生する、あるいは沈殿ができる、など

が多い。1つの反応で、この中の複数の終わり方が現れることもある。

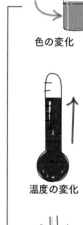

色の変化

温度の変化

沈殿物の生成

気体の発生

発光

正しい化学反応式

美味しいパンケーキを焼くには、すべての材料をレシピに記載された通りに正しく量って用意することが大切。化学反応も同じで、化学者も反応物と生成物の物質量の正しい関係の確認から始める。化学における物質量の関係を確認する考え方を**化学量論**という。

パンケーキのレシピと同じように、化学反応式は希望する生成物を得るために必要な反応物に関する情報を示している。化学反応式では、その反応に関わる物質の量をもっとも簡単な整数比で表した数字を、すべての反応物と生成物の名称の前につける。この数字を**化学量論係数**と呼んでいて、この係数を使って、実際に希望する生成物の量に応じた反応物の量を換算して求める。反応式では係数が 1 の場合には数字を書かない。

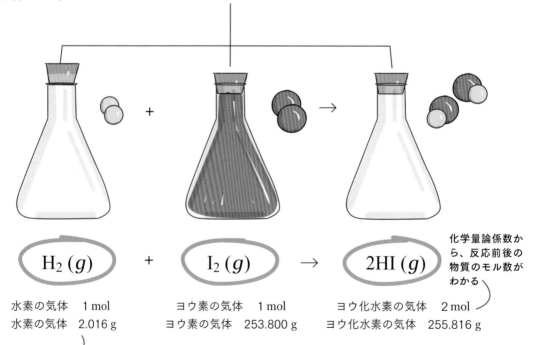

卵 3個
+
牛乳 250 mL
+
小麦粉 125 g
→
6枚の美味しいパンケーキができる！

レシピにはそれぞれの材料の分量が記載されている

きちんとレシピに従えば望み通りのものができあがる

希望する生成物を得るために反応物の割合を正しく！

$$H_2\,(g) \quad + \quad I_2\,(g) \quad \rightarrow \quad 2HI\,(g)$$

化学量論係数から、反応前後の物質のモル数がわかる

水素の気体　1 mol
水素の気体　2.016 g

ヨウ素の気体　1 mol
ヨウ素の気体　253.800 g

ヨウ化水素の気体　2 mol
ヨウ化水素の気体　255.816 g

化学反応式は質量保存則を満たさなければならないので、反応物の合計量は生成物の合計量にいつも等しい。化学量論係数が正しく書かれていれば、式の両辺に現れる原子の数は元素ごとに等しい。

化学量論係数から反応に関わる物質の原子の数、すなわち各物質のモル数がわかるので計量に便利な単位に換算できる。

化学反応式の作り方

化学反応では、まず反応物と希望する生成物がわかるような化学反応式の骨組みをつくる。ここには単に、反応の材料になる物質と生成される物質の化学式を書く。

続いてその骨組みの式に正しく化学量論係数を記入し、質量の保存則を満たしながら反応物から希望する生成物ができるように化学反応式を整える。

化学式では元素の右下の数字はそれぞれの物質を構成する原子の数なので、その数字を変えてはいけない。そこを変えると反応物や生成物が異なる物質になってしまう。

化学反応式をつりあわせるためだからといって、この右辺のように別の反応物や生成物を加えてはいけない。

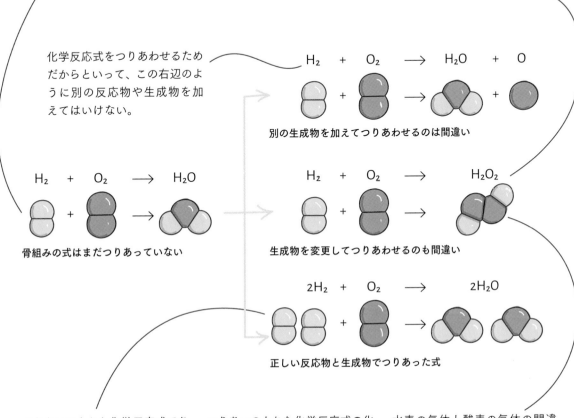

別の生成物を加えてつりあわせるのは間違い

骨組みの式はまだつりあっていない

生成物を変更してつりあわせるのも間違い

正しい反応物と生成物でつりあった式

つりあいのとれた化学反応式であれば、反応物と生成物の割合に関する正しい情報が得られる。

つりあいのとれた化学反応式の化学量論係数を使えば、望みの生成物をどんな量でも作成できる。

水素の気体と酸素の気体の間違った化学量論係数を使うと、水 H_2O ではなくて過酸化水素 H_2O_2 ができてしまう。この2つの生成物は全く違うものである。

この反応で望み通りの生成物を得るためには、
2：1という反応物のモル数の比が重要である

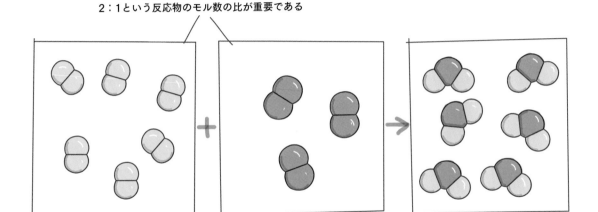

化学量論の考え方

正しい化学反応式の係数は、反応に関与する物質間のモル数の比になっている。これを使うと希望する生成物を得るために必要な反応物の量を求めることができる。使用する反応物の量と得られる生成物の量の数値的な関係を「反応の化学量論比」という。化学実験で希望する生成物を作成する計画や実施のためには、この理論がいつも使われる。

化学量論比

化学反応式の係数が正しければ、反応に関与する反応物と生成物それぞれのモル数の比がわかるので、希望する量の生成物を得るために必要な反応物のモル数を算出できる。このモル数の比が**化学量論比**である。

自動車の衝突安全装置では、アジ化ナトリウム NaN_3 の粉末を使ってエアバッグ内に窒素ガス N_2 を発生させていた。安全性に問題があって現在では NaN_3 粉末は使われていないが、ここでは例として、希望する量の窒素ガスを発生させるために必要な反応物 NaN_3 の量を化学量論によって検討してみよう。ちなみに「アジ化」という語はフランス語で窒素を意味する azote(アゾーテ)からきている。

上の化学反応式では、2 mol の NaN_3 粉末が分解して 3 mol の N_2 が発生する。しかし化学量論係数の比だけでは、実際に発生する N_2 がエアバッグを膨らますのに十分な体積かどうかはわからない。必要なガスの量とそのための NaN_3 粉末の質量を確認するためには、モル質量(31ページ)と気体のモル数と体積の関係(125ページ)による換算が必要である。

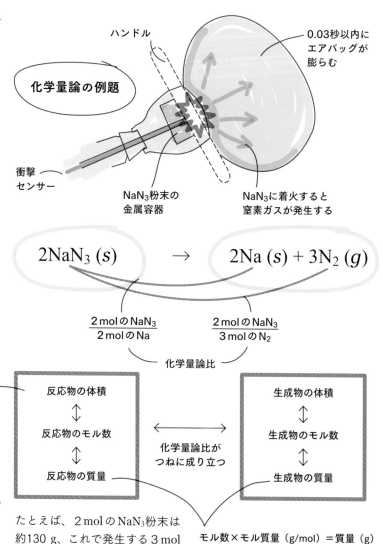

化学量論の例題

ハンドル

0.03秒以内にエアバッグが膨らむ

衝撃センサー

NaN_3粉末の金属容器

NaN_3に着火すると窒素ガスが発生する

$$2NaN_3\ (s) \quad \rightarrow \quad 2Na\ (s) + 3N_2\ (g)$$

$\dfrac{2\,mol\,の\,NaN_3}{2\,mol\,の\,Na}$ 　　$\dfrac{2\,mol\,の\,NaN_3}{3\,mol\,の\,N_2}$

化学量論比

反応物の体積		生成物の体積
↕		↕
反応物のモル数	化学量論比がつねに成り立つ	生成物のモル数
↕		↕
反応物の質量		生成物の質量

たとえば、2 mol の NaN_3 粉末は約130 g、これで発生する 3 mol の N_2 の体積はおよそ 67 L、通常の運転席用のエアバッグの容積に近い。

モル数×モル質量(g/mol)=質量(g)

制限反応物質

化学実験では、いつも化学量論で決めた量の反応物質が使えるとは限らない。場合によっては化学反応が止まってしまって、希望より少ない量しか生成されないこともある。反応で最初に使い果たされる反応物を**制限反応物質**と呼ぶ。これによって生成物がどれだけ得られるかが決まる。

3台の車体と8本のタイヤからは、タイヤが補給されるまでは2台のトラックしかできなくて、車体が1台残ってしまう。残った車体は**過剰反応物質**である。

制限反応物質の考え方は化学では重要である。制限反応物質を使い切るまでの反応で得られる生成物の最大量（**理論収量**）がわかるからである。理論収量がわかれば、化学物質を無駄にしないように反応物を調整することができる。

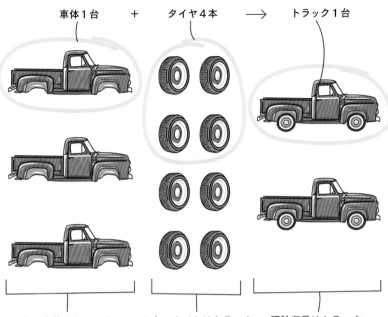

車体1台　＋　タイヤ4本　⟶　トラック1台

3台の車体はトラック
3台分：過剰反応物質

8本のタイヤはトラック
2台分：制限反応物質

理論収量はトラック
2台

10個の水素分子と10個の酸素分子が反応すると、反応分子間の化学量論比は2：1なので、水素がなくなるまでに10個の水分子ができる。この化学反応の理論収量は10個の水分子である。

実験の不手際などで、生成物の一部が失われて実際に得られる生成物（収量）が減少することがある。たとえば、理論収量10個の水分子に対して実際の収量が8個だったとしたら、制限反応物質で決まるよりもさらに2個だけ少ないことになる。この例では反応の**収率**は80％となる。

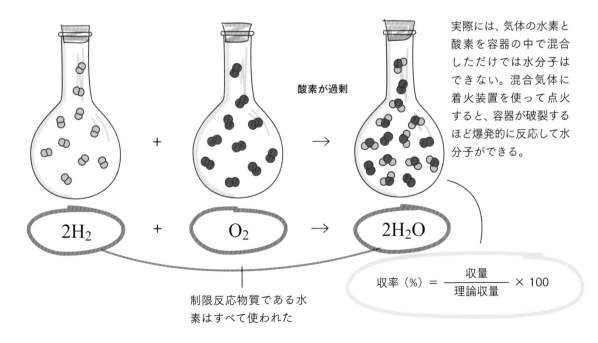

酸素が過剰

実際には、気体の水素と酸素を容器の中で混合しただけでは水分子はできない。混合気体に着火装置を使って点火すると、容器が破裂するほど爆発的に反応して水分子ができる。

$$2H_2 \quad + \quad O_2 \quad \rightarrow \quad 2H_2O$$

制限反応物質である水素はすべて使われた

$$収率（\%）= \frac{収量}{理論収量} \times 100$$

いろいろな化学反応

どのような化学反応でも、反応物が生成物へと変化するときに使われている原子の個性は変わらない。しかし、反応が始まってからのその進み方はさまざまである。化学反応は一般に、反応物の中の原子が生成物になるときにどのように再配置されるかによって分類されている。

酸化還元反応では、反応物の中の2つの異なる原子の間で電子のやりとりが起こる。**酸化反応**では原子が電子を失い、**還元反応**には原子が電子を受け取るという過程が含まれている。電池は酸化還元反応を利用して起電力を発生させている（第12章、第14章）。

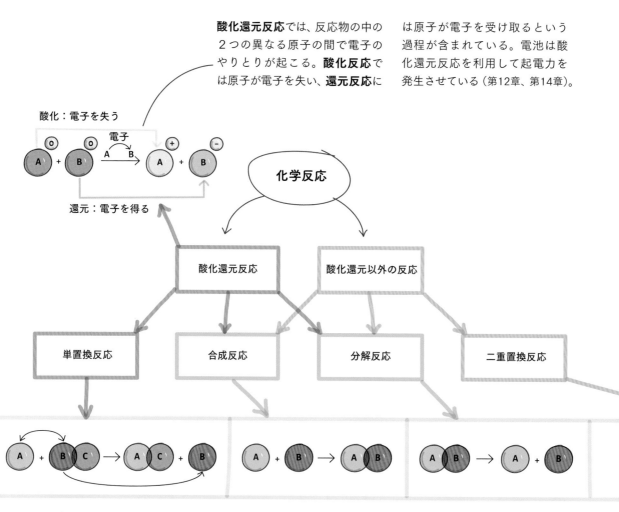

単置換反応では、1つの元素が別の化合物の中のよく似た元素と置き換わる。

合成反応では、2つ以上の単体や化合物が組み合わされて、新しい化合物ができる。たとえば水素の気体と酸素の気体は、合成反応で水になる。

分解反応では、1つの化合物が2つ以上のより簡単な物質に分かれる。たとえば自動車のエアバッグに使われていたアジ化ナトリウム NaN_3 の分解反応では、ナトリウムの粉と窒素の気体に分解する。

日常生活ではさまざまな化学反応に出会う。生命活動に不可欠なものも、生活が便利になる反応や生活を楽しくしてくれる反応もある。

植物は太陽光のエネルギーを吸収し**光合成**をしている。この反応では空気中の二酸化炭素 CO_2 と吸い上げた水 H_2O からグルコースを作り、空気中に酸素 O_2 を排出する。グルコースは $C_6H_{12}O_6$ という化学式で書ける有機化合物で、14ページの左下のイラストのような構造である。

炭素と水素だけでできた炭化水素である石油や天然ガスなどは空気中の酸素と反応して水、二酸化炭素、熱を発生させる。これが**燃焼反応**で、ガソリンの主成分であるオクタン C_8H_{18} が燃焼して発生した熱は、機械的なエネルギーに変換されて車を走らせる。

生活の中の化学反応

洗浄

光合成

燃焼

酸素 O_2

さび

パン焼き

電池

発酵

消化

アルカリ電池の中では、化学エネルギーを電気エネルギーに変える酸化還元反応が進行している。

果実や穀物のグルコースは、発酵する間に特殊な酵素の働きでアルコールと二酸化炭素に変わる。

ベイキングパウダーというのは酢酸 $C_2H_4O_2$ のような酸と炭酸水素ナトリウム $NaHCO_3$（重曹）の混合物である。小麦粉などの材料に混ぜて焼くと二酸化炭素 CO_2 が発生して多孔質でふわふわのケーキやクッキーができる。

A D + B C → A C + B D

二重置換反応では、2種類のイオン結合の陽イオンと陰イオンがたがいに入れ替わって、別の2種類の新しいイオン結合になる。117ページの例のように、この反応はふつう水溶液の中で起こる。

まとめ

化学反応式
化学式を使った化学反応の記述。

化学反応式のつりあい
質量の保存則を満たす化学反応式。

化学量論係数
化学反応の際の物質の量の比を表す係数。

O₂ CO₂
C

化学反応式の書きかた

化学反応と化学量論

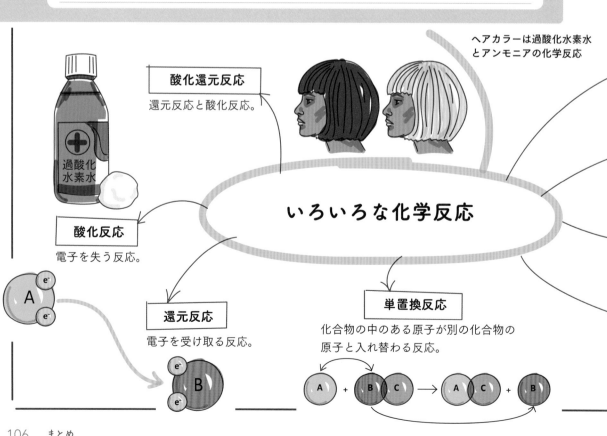

ヘアカラーは過酸化水素水とアンモニアの化学反応

酸化還元反応
還元反応と酸化反応。

過酸化水素水

酸化反応
電子を失う反応。

いろいろな化学反応

A

e⁻ e⁻

還元反応
電子を受け取る反応。

e⁻ e⁻
B

単置換反応
化合物の中のある原子が別の化合物の原子と入れ替わる反応。

A + B C → A C + B

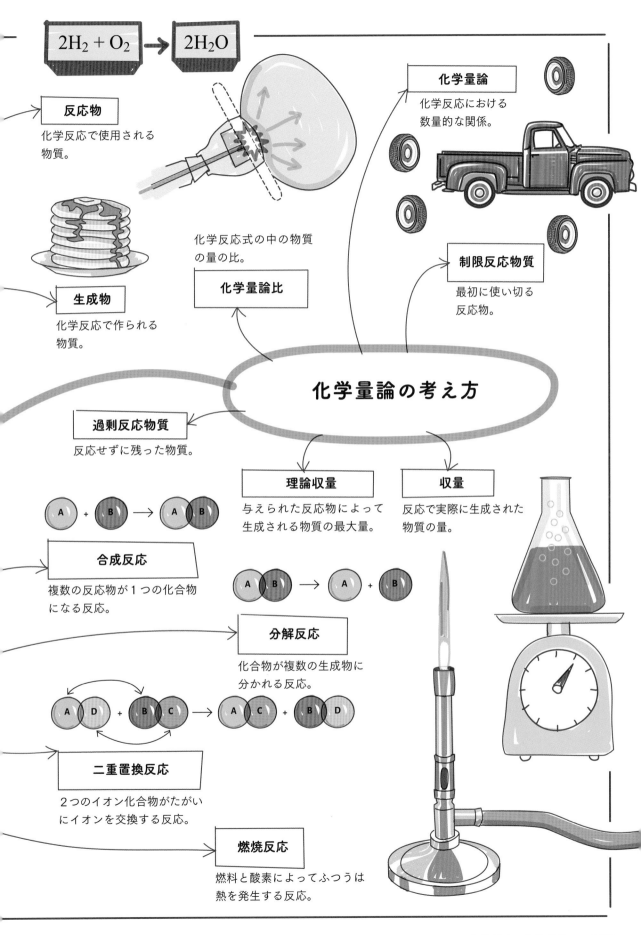

$2H_2 + O_2 \rightarrow 2H_2O$

反応物

化学反応で使用される
物質。

生成物

化学反応で作られる
物質。

化学量論

化学反応における
数量的な関係。

化学反応式の中の物質
の量の比。

化学量論比

制限反応物質

最初に使い切る
反応物。

化学量論の考え方

過剰反応物質

反応せずに残った物質。

理論収量

与えられた反応物によって
生成される物質の最大量。

収量

反応で実際に生成された
物質の量。

合成反応

複数の反応物が1つの化合物
になる反応。

分解反応

化合物が複数の生成物に
分かれる反応。

二重置換反応

2つのイオン化合物がたがい
にイオンを交換する反応。

燃焼反応

燃料と酸素によってふつうは
熱を発生する反応。

Chapter 9

溶液の化学

　2種以上の成分が均一に、つまりどこをとっても同じように混ざっている混合物を「溶体」という。混合物が気体ならば混合気体、液体ならば溶液、固体の場合は固溶体という。溶体は生体でも、実験室や産業への応用においても、極めて重大な役割を果たしている。私たちが呼吸する空気、飲む液体、血液などの私たちの体内の流体もすべて溶体である。水溶液の場合はその成分の1つは水であって、生命を支える重要な化学反応や生体反応は水溶液が舞台になっている。たとえば、肺に取り込まれた酸素は赤血球のヘモグロビンと結合し、血液とともに体中の組織に運ばれる。血液の約55％が液体成分、そのおよそ9割は水で、この大切な生命維持装置は溶液の化学の理論に従って働いている。

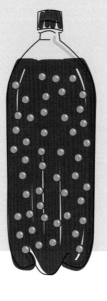
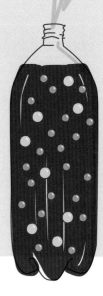

いろいろな溶体

溶体は2つ以上の成分の混合物で、全体に分子が均一に分布した単一の相、つまり液体、固体、または気体になっている。一般にもっとも量の多い成分を「溶媒」と呼び、相は溶媒によって決まる。つまり溶媒が液体であれば混合物は液体である。他のすべての成分は「溶質」で、溶媒に溶けた物質である。溶媒と溶質の粒子の性質が溶体の特徴を決めているが、化学でもっともよく扱うのは水溶液である。溶体は「似たものどうしはよく溶けあう」という原則に従ってできている。

混合気体

混合気体では溶媒も溶質も気体分子である。空気、天然ガス、潜水用のタンクのガスも混合気体である。都市ガスとしても使われている天然ガスは、メタンやエタンなどの可燃性の炭化水素と窒素などの不燃性の気体の混合物で、全体のおよそ90％がメタンである。

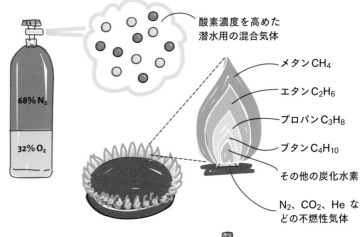

酸素濃度を高めた潜水用の混合気体

68% N₂

32% O₂

メタン CH_4

エタン C_2H_6

プロパン C_3H_8

ブタン C_4H_{10}

その他の炭化水素

N_2、CO_2、He などの不燃性気体

溶液

溶液では溶媒は液体であるが、溶質は固体の場合もあれば、液体や気体の場合もある。化学では固体を溶かした溶液を扱うことが多い。

液体の水に二酸化炭素 CO_2 の気体を溶かしたものが炭酸水である。このような溶液はあまり安定ではなく、溶質の気体は溶液から逃げ出そうとしている。炭酸飲料はなるべく低温で保管すれば気体は逃げ出しにくい。

食塩水は溶媒が水、溶質が塩化ナトリウム NaCl で、医療用に使われることが多い。このような用途の溶体では溶質は溶媒に溶けやすくなければならない。

溶質も溶媒も混ぜる前から液体である例は消毒用エタノールである。水とエタノール C_2H_5OH はあらゆる比率で混合できるので、**混和性**があるという。どちらの成分も液体である場合には、たがいにもう一方の成分に溶けやすくなければならない。

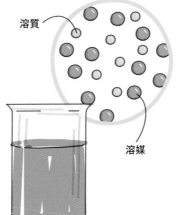

溶質

溶媒

炭酸水

気体の溶質と液体の溶媒

生理食塩水

固体の溶質と液体の溶媒

消毒用エタノール

溶質も溶媒も液体

固溶体

溶媒と溶質がともに固体である混合物を**固溶体**という。2種類以上の固体の金属を溶かして混ぜると、多くの場合は均一な合金になるが、ある限られた割合でしか固溶体にならない場合もある。固溶体の例である鋼鉄は鉄が溶媒で炭素が溶質である。

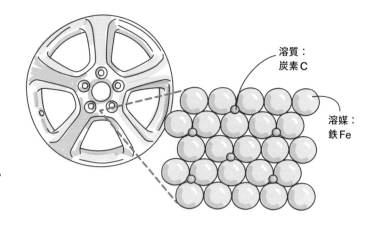

溶質：
炭素C

溶媒：
鉄Fe

濃厚溶液と希薄溶液

溶質の量によって溶液を分類することがある。溶質が限度近くまで溶けている場合を**濃厚溶液**、逆に溶質の量がごく少ないものを**希薄溶液**という。

溶媒　　溶質

濃厚溶液　　　　　希薄溶液

飽和、不飽和、過飽和な溶液

ある温度の溶媒には、溶かすことのできる溶質の量に限度がある。**不飽和溶液**では溶媒である溶液にさらに多くの溶質を溶かすことができる。

溶媒に溶かすことができる限度まで溶質が溶けている溶液を**飽和溶液**という。それ以上の溶質を加えても底に溜まるだけで溶けない。

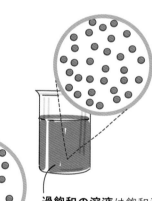

過飽和の溶液は飽和溶液よりも多くの溶質を含んでいる。溶媒が溶かすことのできる限界を超えているのでこのような溶液は不安定で、固体の溶質ならば何かのきっかけで再びもとの結晶に戻って底に溜まる。

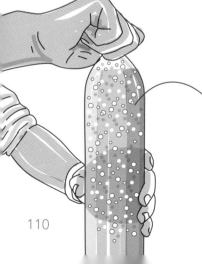

高圧をかけて二酸化炭素の気体を水に溶かし込んだものが炭酸飲料で、これは過飽和溶液の例である。低い圧力で溶かすことができる量よりも多くの二酸化炭素が溶けているので、容器の栓を開けて圧力が下がると、過剰な二酸化炭素は逃げ出す。

溶液、コロイド溶液、懸濁液

溶液に溶けている溶質粒子の平均的な直径は 1 nm（＝10^{-9} m）より小さい。溶質粒子が小さいので、溶液は均質に見えるし、層に分かれたりもしない。

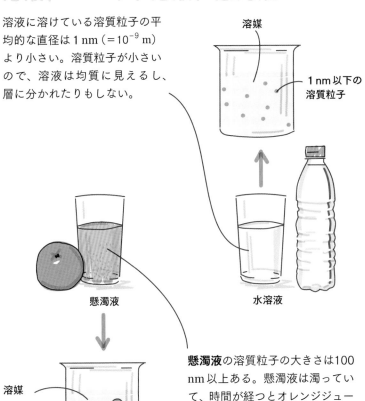

溶媒

1 nm 以下の溶質粒子

ふつうの分子やイオンより大きい、直径が 1〜100 nm の粒子を**コロイド粒子**という。コロイド溶液の溶質はこのような大きな粒子で、溶液の多くは不透明であって、時間が経っても沈殿はしない。牛乳には脂肪の粒子がコロイドとなって溶け込んでいる。

懸濁液

水溶液

コロイド溶液

懸濁液の溶質粒子の大きさは100 nm 以上ある。懸濁液は濁っていて、時間が経つとオレンジジュースの果肉のような固体粒子が沈殿して分離する。

溶媒

100nmより大きい溶質粒子

溶媒

1〜100 nm の溶質粒子

チンダル現象

コロイド溶液や懸濁液、あるいは空気中の粒子に光線が散乱される現象は**チンダル現象**として知られている。イギリスの物理学者ジョン・チンダル（1820-93）が発見したもので、これが実際に目に見えるかどうかは、光の通路に存在する粒子の大きさによる。

溶液では溶質粒子が小さ過ぎて、光線は散乱せずに溶液を通り抜けてしまうのでチンダル現象は見えない。もう少し溶質粒子の大きなコロイド溶液や懸濁液では、チンダル現象によって溶質粒子に散乱された光線が見える。部屋の中で 1 μm 程度のほこりの粒子に散乱された太陽光が白く見えるのも同じ現象である。

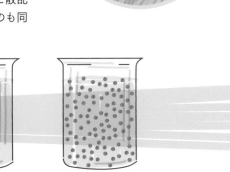

溶液

コロイド溶液

懸濁液

溶液の濃度

溶液の濃度はある量の溶媒にどれだけの溶質が溶けているかで決まり、濃度の決め方にはいくつかの方法がある。溶液の中の溶質の量は、溶液を準備する目的によって異なる。化学反応の多くは溶液の中で起こり、溶質の正確な計量は化学量論的にも重要である。

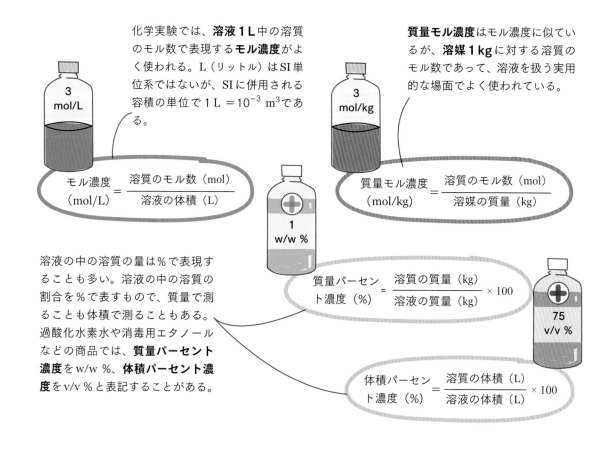

化学実験では、**溶液1L中の溶質のモル数**で表現する**モル濃度**がよく使われる。L（リットル）はSI単位系ではないが、SIに併用される容積の単位で$1\,L = 10^{-3}\,m^3$である。

$$\text{モル濃度} \atop (\text{mol/L}) = \frac{\text{溶質のモル数（mol）}}{\text{溶液の体積（L）}}$$

質量モル濃度はモル濃度に似ているが、**溶媒1kg**に対する溶質のモル数であって、溶液を扱う実用的な場面でよく使われている。

$$\text{質量モル濃度} \atop (\text{mol/kg}) = \frac{\text{溶質のモル数（mol）}}{\text{溶媒の質量（kg）}}$$

溶液の中の溶質の量は％で表現することも多い。溶液の中の溶質の割合を％で表すもので、質量で測ることも体積で測ることもある。過酸化水素水や消毒用エタノールなどの商品では、**質量パーセント濃度**をw/w％、**体積パーセント濃度**をv/v％と表記することがある。

$$\text{質量パーセント濃度（％）} = \frac{\text{溶質の質量（kg）}}{\text{溶液の質量（kg）}} \times 100$$

$$\text{体積パーセント濃度（％）} = \frac{\text{溶質の体積（L）}}{\text{溶液の体積（L）}} \times 100$$

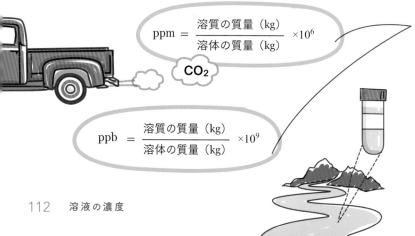

$$\text{ppm} = \frac{\text{溶質の質量（kg）}}{\text{溶体の質量（kg）}} \times 10^6$$

$$\text{ppb} = \frac{\text{溶質の質量（kg）}}{\text{溶体の質量（kg）}} \times 10^9$$

ごく希薄な溶体の濃度を表示するためには**百万分率ppm**や**十億分率ppb**がある。これらは空気中の二酸化炭素の割合や、水質調査の際の水中の有毒な重金属の量の測定結果などに使われる。対象によっては体積比が使われることもある。

溶液の作成

溶液を作るには、目的の濃度をもとに必要な溶質の質量か体積をまず決める。
そして注意深く溶質と溶媒を混ぜて溶液にする。

濃縮原液の準備

必要な濃度に希釈して利用する
ために**濃縮原液**を用意する。ま
ず最初に必要な溶質の量を計っ
て準備する。溶液の種類によっ
て、溶質の量は質量で測ること
も体積で測ることもある。

次に溶液を作るための計量用の
容器、たとえば首の部分に体積を
表示する線のついたメスフラスコ
などに溶質を入れる。

溶質

メスフラスコ

溶媒

必要な溶液の量の半量ぐらいの
溶媒で溶質を溶かす。均一の濃
度になるように溶質をすべて溶か
す。

溶液の全体が必要な濃度で予定
した体積になるまで溶媒を加える
と原液ができる。

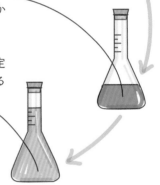

濃縮原液

希釈

希望の濃度まで原液を希釈すると
必要な溶液ができる。**段階希釈**と
は、濃度のわかっている原液に溶
媒を加えることを繰り返して薄め
た溶液を次々に作る方法である。

濃縮原液

溶液の希釈のために溶媒を加え
れば、体積がふえて濃度は減少
する。ふつうは体積 V とモル濃
度 M との関係、つまり右の例で
は、もとの溶液 10 mL に含まれ
る溶質の量と、溶媒を加えて
100 mL にしたときに含まれる
溶質の量が同じであるという関
係を使って、100 mL にした溶
液の濃度を確認する。

$V_{原液}\, M_{原液} = V_A\, M_A$

$V_A\, M_A = V_B\, M_B$

$V_B\, M_B = V_C\, M_C$

10 mL の原液
+90 mL の溶媒

10 mL の溶液 A
+90 mL の溶媒

10 mL の溶液 B
+90 mL の溶媒

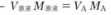

1:10希釈

1:100希釈

1:1,000希釈

溶解度

溶媒が溶液中に溶かし込むことのできる溶質の量には限度があって、それ以上の溶質は溶けずに残る。最大量の溶質が溶けた溶液を「飽和溶液」といい、このときの溶質の量をその溶媒に対する溶質の「溶解度」という。溶解度は、基本的には「似たものどうし」という溶媒と溶質の分子の物理的、化学的な性質によって決まり、ふつうは温度や圧力などの環境による条件によって変化する。

溶媒和

もし溶質粒子と溶媒分子との間の引力が、溶質粒子をまとめておこうとする力よりも強ければ、溶質は溶媒に溶け出すことになる。溶媒分子が溶質粒子を引きつけて取り囲み、溶液の中へと引っ張り出す過程を**溶媒和**と呼ぶ。

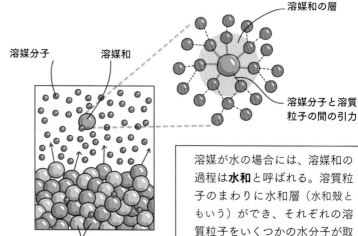

溶媒分子　　　溶媒和

溶媒和の層

溶媒分子と溶質粒子の間の引力

溶質粒子

溶媒が水の場合には、溶媒和の過程は**水和**と呼ばれる。溶質粒子のまわりに水和層（水和殻ともいう）ができ、それぞれの溶質粒子をいくつかの水分子が取り囲んで水に溶けた状態を保っている（92ページ）。

溶解平衡（へいこう）

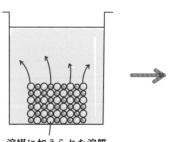

溶媒に加えられた溶質

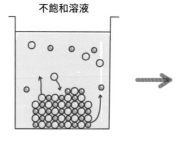

不飽和溶液

溶媒和の割合が
再結晶の割合より高い

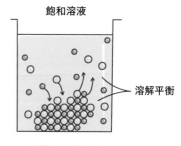

飽和溶液

溶解平衡

溶媒和の割合が
再結晶の割合に等しい

溶質粒子を溶液中に溶かしておくにはその何倍かの数の溶媒分子が必要なので、ある体積の溶媒に溶かすことのできる溶質粒子数には上限がある。この限界を超えると溶質は再び結晶になって、集まると沈殿する。これを**析出**（せきしゅつ）する、あるいは**再結晶**するという。

溶媒和の過程は、溶質が最初に溶媒に加えられたときに始まる。

溶液が不飽和である限り、溶媒和は進行する。つまり溶媒和の進む割合の方が、析出したり沈殿したりする割合よりも高い。

溶質粒子数に対して溶媒分子数がちょうど限界に達すると、溶媒和の割合が再結晶の割合に等しくなる。単位時間に溶け込む溶質粒子の数が、再結晶によって溶液から抜ける溶質粒子の数に等しくなった溶液の状態を、**溶解平衡**に達したという。つまり飽和溶液は実際には溶解平衡の状態にある。

温度と溶解度

一般に、固体や液体の溶解度は温度とともに上昇する。温度が上がると分子の運動エネルギーは大きくなり、溶質と溶媒の相互作用が活発になる。溶質が固体の場合には、飽和溶液中の溶媒100 gに溶けている溶質の質量をgで計った数値で溶解度を表すのがふ

つうで、溶解度と温度の関係を表した下のようなグラフを**溶解度曲線**という。

分子の速度が大きくなり、溶質粒子どうしの分子間力が弱くなると、溶解度が増加する。だから冷めたコーヒーよりも熱いコーヒーの方が砂糖はよく溶ける。

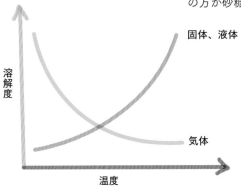

気体が液体に溶け込む溶解度は、温度が上がると低下する。温度が上がって分子の速度が増加すると、気体分子は液体の表面から逃げ出しやすくなるので溶解度は減ってしまう。冷えた炭酸飲料の方が美味しく飲めるのはそういうわけである。

圧力と溶解度

固体と液体の液体に対する溶解度は圧力には影響されないが、気体の液体への溶解度は圧力が高いほど大きい。圧力を加えると気体分子は液体に押し込まれ、溶液の中の気体が増える。

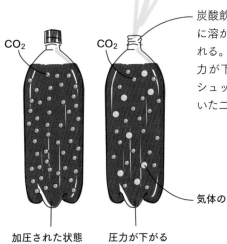

炭酸飲料は加圧して二酸化炭素を水に溶かし込んだ状態で容器に詰められる。栓を開けた瞬間に容器内の圧力が下がって溶解度も下がるので、シュッという音が聞こえて、溶けていた二酸化炭素は液体から逃げ出す。

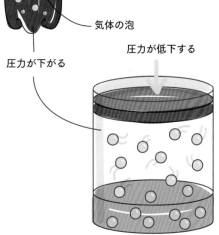

イオン結晶の溶解性

多くのイオン結晶は電解質（80ページ）であって、イオンと水分子との相互作用が強いので水和（92ページ）が起こり、イオン結晶の溶解度は一般に大きい。しかしすべてのイオン結晶が水に溶けるわけではなく、イオン結晶をまとめている力が強すぎて水に混ぜても溶解しないものもある。イオン結晶の溶解性は下のようにまとめられるが例外もある。

周期表の1族の陽イオンなど、ある種の陽イオンや陰イオンを含むイオン結晶はほぼ例外なく水に溶ける。図の左列の3つのグループのイオンはそのような水溶性のイオン結晶になる。

に水に溶けやすいが例外もある。たとえば、塩素イオン Cl^- を含む結晶は水溶性であるが、Ag^+、Pb^{2+}、Hg_2^{2+} などと結合すると不溶性、硫酸イオン SO_4^{2-} も Ba^{2+}、Pb^{2+} などと結合すると不溶性になる。右列の CO_3^{2-} などの4種のイオンの結晶は一般には不溶性、左列上段の陽イオンとは水溶性の結晶になる。

硫化物イオン S^{2-} や水酸化物イオン OH^- を含む結晶の多くは水に溶けないが、2族の陽イオンの硫化物は水溶性である。2族の陽イオンの水酸化物はわずかに水に溶ける（制酸剤や緩下剤として用いられるマグネシア乳は $Mg(OH)_2$ の水溶液）。

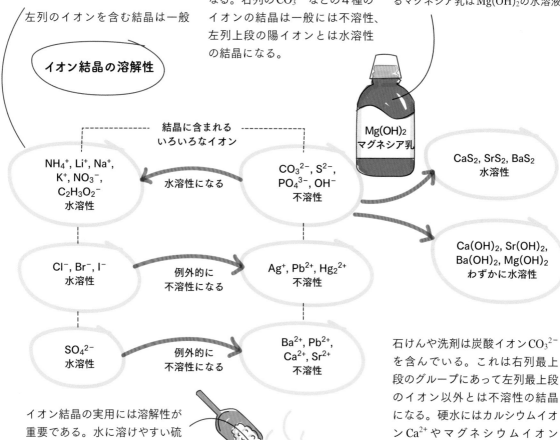

イオン結晶の溶解性

結晶に含まれるいろいろなイオン

NH_4^+, Li^+, Na^+, K^+, NO_3^-, $C_2H_3O_2^-$
水溶性

CO_3^{2-}, S^{2-}, PO_4^{3-}, OH^-
不溶性

水溶性になる

$Mg(OH)_2$
マグネシア乳

CaS_2, SrS_2, BaS_2
水溶性

Cl^-, Br^-, I^-
水溶性

例外的に不溶性になる

Ag^+, Pb^{2+}, Hg_2^{2+}
不溶性

$Ca(OH)_2$, $Sr(OH)_2$, $Ba(OH)_2$, $Mg(OH)_2$
わずかに水溶性

SO_4^{2-}
水溶性

例外的に不溶性になる

Ba^{2+}, Pb^{2+}, Ca^{2+}, Sr^{2+}
不溶性

$MgSO_4$

イオン結晶の実用には溶解性が重要である。水に溶けやすい硫酸マグネシウム $MgSO_4$ はエプソム塩とも呼ばれて、入浴剤として使われている。温泉に含まれている場合もあり、体を温める効果がある。

石けんや洗剤は炭酸イオン CO_3^{2-} を含んでいる。これは右列最上段のグループにあって左列最上段のイオン以外とは不溶性の結晶になる。硬水にはカルシウムイオン Ca^{2+} やマグネシウムイオン Mg^{2+} が含まれているため、硬水で石けんや洗剤を使用すると不溶性の炭酸カルシウム $CaCO_3$ や炭酸マグネシウム $MgCO_3$ が白い沈殿となる。

沈殿反応

沈殿反応とは、2種類の水溶性の結晶の水溶液が混合されて不溶性の結晶ができることである。この不溶性の結晶を沈殿、または沈殿物と呼ぶ。たとえば、ヨウ化カリウム KI と硝酸鉛（II）$Pb(NO_3)_2$ はどちらも水溶性であるが、その水溶液を混ぜてできるヨウ化鉛（II）PbI_2は、左のページに示したように例外的に不溶性で、鮮やかな黄色の沈殿となる。

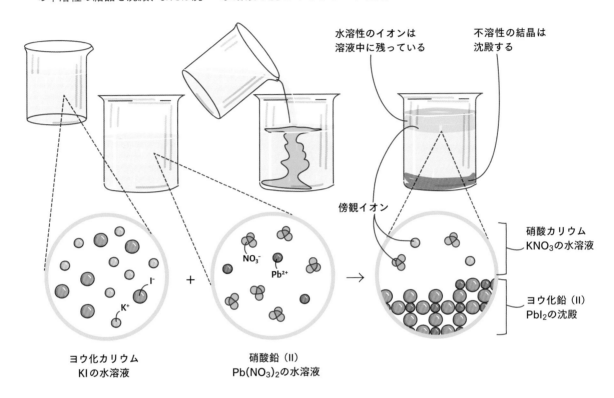

水溶性のイオンは溶液中に残っている

不溶性の結晶は沈殿する

傍観イオン

NO_3^-

Pb^{2+}

I^-

K^+

硝酸カリウム KNO_3 の水溶液

ヨウ化鉛（II）PbI_2 の沈殿

ヨウ化カリウム KI の水溶液

硝酸鉛（II）$Pb(NO_3)_2$ の水溶液

分子反応式を使うと、2種類の水溶液を合わせれば二重置換反応が起こることがわかる。

$$2KI\ (aq) + Pb(NO_3)_2\ (aq) \rightarrow PbI_2\ (s) + 2KNO_3\ (aq)$$

$$2K^+\ (aq) + 2I^-\ (aq) + Pb^{2+}\ (aq) + 2NO_3^-\ (aq) \rightarrow PbI_2\ (s) + 2K^+\ (aq) + 2NO_3^-\ (aq)$$

この反応の**全イオン反応式**には、水溶液の中に存在する実際の粒子を書き出す。すべての水溶性の結晶をイオンの形で表示する。沈殿した物質は溶媒和にはならないので、結晶のまま表示する。

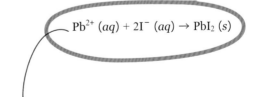

$$Pb^{2+}\ (aq) + 2I^-\ (aq) \rightarrow PbI_2\ (s)$$

正味イオン反応式には、反応して沈殿になるイオンだけを書き出す。固体の生成物に含まれないその他のイオンは**傍観イオン**と呼ばれ、ここには表示しない。この例では K^+ と NO_3^- が傍観イオンである。

希薄溶液の束一的な性質

溶液が希薄なときには、溶質粒子の種類には関係なく溶質の粒子数、すなわち溶液の濃度だけに依存する性質がいくつかある。そのような性質を「束一的な性質」という。

蒸気圧降下

液体の表面付近の分子は、温度が高くなるとエネルギーが大きくなって、分子間力を振り切って気体になる。これが蒸発である。もし容器が閉じていれば、蒸発した気体分子によって液面より上の気体の圧力が増加する。見かけ上、蒸発も凝縮も起こっていない状態（気液平衡という）における蒸気の圧力を、純粋な液体の**蒸気圧**（または飽和蒸気圧）と定義する。室温での蒸気圧は液体相の分子間力の強さと密接な関係がある。分子間力の弱い液体ほど蒸気圧は高い。

純粋な溶媒に、室温程度では気体にならない不揮発性の溶質を溶かすと、蒸気圧が低くなる。溶質粒子があることで、溶液全体の粒子数に対する溶媒分子が減少して、蒸発する溶媒分子の数が減るからである。この現象を**蒸気圧降下**といい、その蒸気圧の差は溶質の種類にはよらず、溶質粒子の質量モル濃度に比例する。左は溶媒が水の場合の図。

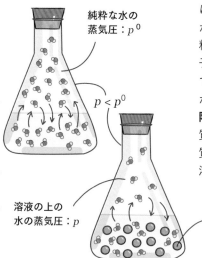

純粋な水の蒸気圧：p^0

$p < p^0$

溶液の上の水の蒸気圧：p

溶質粒子

凝固点降下

溶液になって溶質粒子が存在すると、純粋な溶媒だけのときよりも凝固する温度が下がることを**凝固点降下**という。

純粋な水がちょうど凝固点に達すると、液体から固体になる水分子と固体から液体になる水分子の数がつりあって、水と氷の平衡状態になる。この状態の水に溶質粒子が溶け込むと、水分子の数の割合が減るので、固体になる水分子の数が減って液体になる方が多くなる。したがって温度を下げない限り水と氷の平衡状態は続かない。

凝固点の降下ΔT_fは溶質の種類にはよらず、溶液の質量モル濃度に比例する（添字 f は凝固 freezing を意味する）。イオン数の多い電解質の方が、非電解質よりも水溶液の凝固点を下げる効果が大きい。冬季の道路の凍結防止には、電離して粒子数が 3 倍になる塩化カルシウム $CaCl_2$ が使われている。

m：溶液の質量モル濃度

K_f：溶媒の種類で決まる定数

ΔT_f：凝固点の変化

$$\Delta T_f = m \times K_f$$

水

水＋塩化カルシウム

沸点上昇

大気圧のもとで液体を加熱すると、蒸気圧が大きくなり、大気圧と等しくなると液体の内部からも気体が発生する。この現象が**沸騰**である。一般に液体の蒸気圧と液面を押す圧力が等しくなると沸騰が起き、この温度をその圧力における**沸点**という。不揮発性の物質を溶かした溶液では蒸気圧が低下しているので、溶液を沸騰させるためには、溶媒だけのときよりも高い温度にしなければならない。このように溶液の沸点が溶媒だけのときよりも高くなる現象を**沸点上昇**という。沸点の上昇ΔT_bは溶質の種類にはよらず、溶液の質量モル濃度に比例する（添字bは沸騰boilingを意味する）。

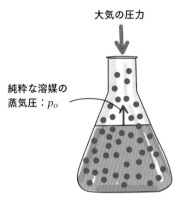

純粋な溶媒の蒸気圧：p_o

大気の圧力

溶液の蒸気圧：p

大気の圧力

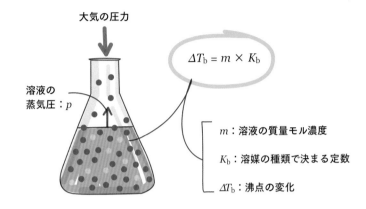

$$\Delta T_b = m \times K_b$$

m：溶液の質量モル濃度

K_b：溶媒の種類で決まる定数

ΔT_b：沸点の変化

浸透圧

容器内を仕切る膜の両側で溶液の濃度が異なるときに、溶媒分子が仕切りの膜を通って希薄な溶液から濃厚な溶液の方へ移動する現象を**浸透**という。この現象を利用して、濃い食塩水が便秘の治療に使われることがある。食塩水が腸を通過するときに周囲の組織から水分を引き出して、症状を緩和するのである。

溶液中で溶媒分子を通すが溶質粒子を通さないような膜を**半透**膜という。図のように容器内の半透膜の一方の側には純粋の溶媒、他方には溶質を含む溶液があるとしよう。溶液の側には純粋な溶媒よりも溶媒分子が少ないので、半透膜を通って移動する溶媒分子は、溶媒から溶液へ向かう方が逆の方向より多く、長時間放置すると液面の高さに差ができる。溶媒分子が半透膜を通って浸透しようとする圧力を**浸透圧**という。液面の高さに差ができて膜の両側の圧力がつり合うと浸透が止まる。このときの液面の高さの差に相当する溶液の圧力が、溶媒の側からの浸透圧に等しい。一方が純粋な溶媒で溶液の濃度が希薄であるとき、浸透圧は溶質の種類には関係なく、溶液のモル濃度と絶対温度に比例する。

半透膜で溶媒の槽と溶液の槽を仕切り、溶液側に浸透圧以上の圧力を加えると、溶液中の溶媒分子は溶液から溶媒の側へ移動する。これを**逆浸透**という。溶液から溶媒を分離する方法の1つで、海水から飲用や工業用の水を製造する際に利用されている。

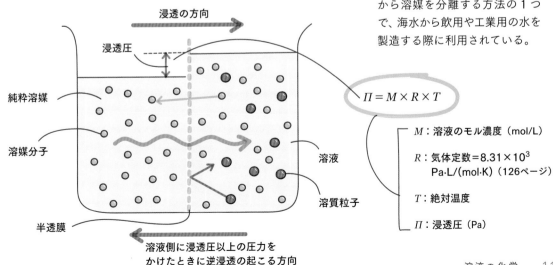

浸透の方向

浸透圧

純粋溶媒

溶媒分子

半透膜

溶液

溶質粒子

溶液側に浸透圧以上の圧力をかけたときに逆浸透の起こる方向

$$\Pi = M \times R \times T$$

M：溶液のモル濃度（mol/L）

R：気体定数$=8.31 \times 10^3$ Pa·L/(mol·K)（126ページ）

T：絶対温度

Π：浸透圧（Pa）

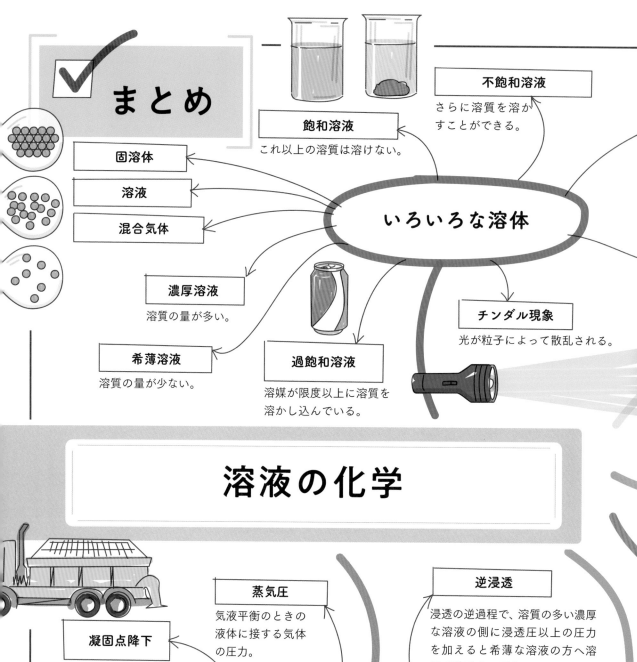

まとめ

固溶体

溶液

混合気体

いろいろな溶体

飽和溶液
これ以上の溶質は溶けない。

不飽和溶液
さらに溶質を溶かすことができる。

濃厚溶液
溶質の量が多い。

希薄溶液
溶質の量が少ない。

過飽和溶液
溶媒が限度以上に溶質を溶かし込んでいる。

チンダル現象
光が粒子によって散乱される。

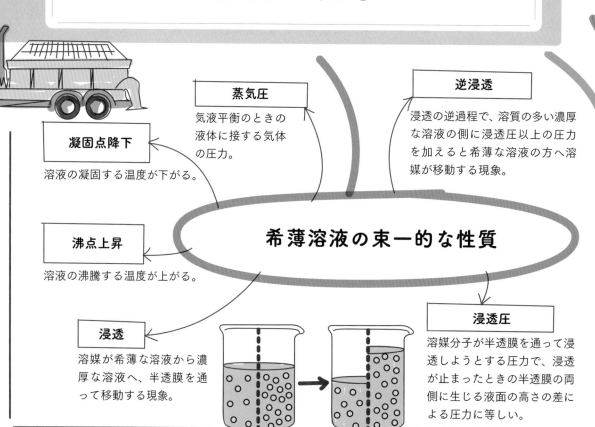

溶液の化学

蒸気圧
気液平衡のときの液体に接する気体の圧力。

逆浸透
浸透の逆過程で、溶質の多い濃厚な溶液の側に浸透圧以上の圧力を加えると希薄な溶液の方へ溶媒が移動する現象。

凝固点降下
溶液の凝固する温度が下がる。

希薄溶液の束一的な性質

沸点上昇
溶液の沸騰する温度が上がる。

浸透
溶媒が希薄な溶液から濃厚な溶液へ、半透膜を通って移動する現象。

浸透圧
溶媒分子が半透膜を通って浸透しようとする圧力で、浸透が止まったときの半透膜の両側に生じる液面の高さの差による圧力に等しい。

CO₂

コロイド溶液

粒子の大きさは
1 から100 nm。

溶媒 1 kg 中の溶質
のモル数（mol/kg）。

質量モル濃度

ppm

百万分率。

ppb

十億分率。

モル濃度

溶液 1 L 中の溶質
のモル数（mol/L）。

溶液の濃度

懸濁液

粒子の大きさは
100 nm 以上。

質量パーセント濃度

溶液の質量に対する溶質
の質量の割合を百分率で
表示（w/w %）。

体積パーセント濃度

溶液の体積に対する溶
質の体積の割合を百分
率で表示（v/v %）。

濃縮原液

希釈するための高濃
度の原液。

溶液の作成

段階希釈

原液を順次段階的に
希釈すること。

溶媒和

溶媒の分子が溶質粒子を
取り囲むこと。

溶解度

水和

水分子が溶質粒子を
取り囲むこと。

溶解平衡

溶媒和になる割合と再結晶する
割合が等しい状態。

溶けない結晶は沈殿する。

沈殿反応

分子反応式

すべての物質を表記
する式。

全イオン反応式

すべての溶解する結晶を
イオンとして表記する式。

イオン結晶の溶解性

正味イオン反応式

沈殿物の生成だけを
表記する式。

気体の化学

　気体は物質の三態の1つである。液体や固体に比べて気体は粒子間の距離が大きく、分子間力はほとんど働いていない。ヘリウム He やネオン Ne のような単原子の気体もあるし、水素 H_2 や窒素 N_2 や酸素 O_2 のような同じ原子でできた分子の気体、二酸化炭素 CO_2 や二酸化硫黄 SO_2 のような異なる原子でできた分子の気体もあり、また、2種類以上の純粋な気体の混合物になっていることも多い。たとえば、もっとも身近な混合気体は私たちを取り巻く地球大気である。この章ではさまざまな状況での気体のふるまいを分子のレベルで理解しよう。

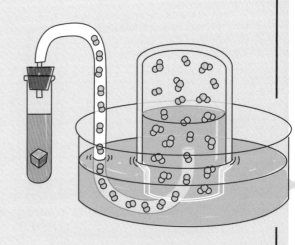

気体分子の熱運動

気体分子を熱運動をする粒子と考えて気体の圧力を求める理論を「気体分子運動論」という。この理論では重力を無視して、気体の粒子は容器の中でそれぞれの速さでそれぞれの方向に直線運動をしていて、壁に弾性衝突を繰り返すことで圧力を及ぼしていると考える。この見方は現実とは異なるようでもあるが、ここから導かれる基本的な概念はあらゆる気体に対して普遍的に有効なのである。

基本的な前提条件

- 気体分子どうしには何も力が働かず、たがいにほとんど接触しない。これを「気体分子は相互作用をしない」と表現する。

- 気体の粒子である原子や分子の大きさは、粒子間の距離に比べればはるかに小さい。多くの場合、気体の粒子の体積は無視できる。ふつうは重力の影響も考えない。

- 気体分子はそれぞれが直線運動を続けていて、他の大きな粒子や壁と衝突する。気体分子がコロイドのような大きな粒子に衝突を繰り返すと、**ブラウン運動**と呼ばれる不規則で絶え間ないコロイド粒子の運動が観察される。

- 気体分子と他の粒子や容器の壁との衝突は**弾性衝突**と考えられて、衝突によってエネルギーを失うことはなく、衝突の前後でエネルギーは保存される。

- 気体の粒子の運動エネルギーの大きさは粒子ごとに異なるが、容器内の全粒子についての運動エネルギーの平均値は粒子の種類によらず、同じ温度であれば等しく、その平均値の大きさは絶対温度に比例している。

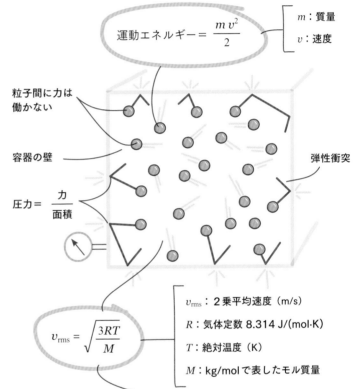

$$運動エネルギー = \frac{mv^2}{2}$$

m：質量
v：速度

粒子間に力は働かない

容器の壁

$$圧力 = \frac{力}{面積}$$

弾性衝突

$$v_{\mathrm{rms}} = \sqrt{\frac{3RT}{M}}$$

v_{rms}：**2乗平均速度**（m/s）
R：気体定数 8.314 J/(mol·K)
T：絶対温度（K）
M：kg/molで表したモル質量

気体分子は熱運動によって空間を飛び回り、容器の中では壁に衝突して跳ね返される。このときに容器の壁を押す力が働く。多くの気体分子が絶えず壁に衝突するので、壁には全体として一定の力が働いていると考えてよい。壁の単位面積に働くこの力を気体の**圧力**という。圧力の単位は Pa（パスカル）で 1 Pa は 1 m²あたり 1 Nの力を加えたときの圧力である。

気体分子の速度ベクトルの平均を弾性衝突の力学にしたがって求め、126ページの容器中の気体の圧力と体積の関係を使うと、**2乗平均速度**として上の式が得られる。この式によれば、平均速度の2乗は絶対温度 T に比例し、分子のモル質量 M に反比例する。したがって速度の2乗と分子の質量の積で表現される運動エネルギーの平均は、前提条件で述べたように絶対温度に比例することがわかる。

〔訳注：添字 rms は root mean square（2乗平均平方根）の略〕

気体の法則

気体の温度T、圧力p、体積V、そしてモル数nの間にはいくつかの気体の法則が成り立っている。気体の状態を示すこの4つの変数はたがいに関係があり、どれか1つが変化すると他の量も影響を受ける。4つのうちの2つの変数が変わらないと仮定すると、残った1組の気体の変数の関係が簡単な法則で示され、それらを組み合わせると「理想気体の法則」が導かれる。

飛行機に乗っているときに耳に感じる違和感はボイルの法則によるものである。通常の飛行高度である1万m程度では気圧は地表の5分の1ほどなので、旅客の不快感を最低限にするように、航空機のキャビン内は0.8気圧ほどに加圧されている。それでも地表より気圧が低いので、耳の内側の空気の体積が増えて、鼓膜に雑音を感じる人がいる。

ボイルの法則

気体分子運動論では、粒子の大きさは粒子相互の間隔に比べて小さくて、無視できるとする。温度と粒子数が同じであれば、容器が小さいほど粒子と壁との衝突頻度が増加して圧力が増し、体積が2分の1になれば圧力は2倍になる。気体の温度と粒子数すなわちモル数とが一定であれば、気体の体積Vは圧力pに反比例するというのが**ボイルの法則**である。イギリスの化学者のボイル（1627-91）がこの法則を発見したのは1662年であった。

$$p_1 V_1 = p_2 V_2$$

体積

圧力

気泡の体積の収縮

	圧力(atm)	水深(m)
100%	1 atm	海水面
50%	2 atm	10 m
33%	3 atm	20 m
25%	4 atm	30 m
20%	5 atm	40 m
17%	6 atm	50 m

ボイルの法則によれば、温度と粒子数が一定の気体の体積と圧力は反比例の関係にある。

ボイルの法則の例は他にもある。たとえば、ダイバーは潜水するときと上昇するときには注意が必要である。ダイバーが潜水するときは水深と共に水圧が大きくなる。ダイバーの肺の中の空気の体積は水圧の増加とともに減少する。水面に戻ってくるときには逆のことが起こり、肺の中の空気が一気に膨張して致命的なダメージを与えることもあるので、潜水には規制があり、特殊な装備も必要である。

p_1

p_2

V_1

V_2

Tとnは一定

シャルルの法則

気体分子の平均の運動エネルギーは温度の上昇とともに増える。分子の速度が増加するので、圧力を一定に保つために気体の体積が増える。シャルルは圧力が一定で一定量の気体の体積は、温度が1℃上昇するごとに、0℃のときの体積の273分の1ずつ増加することを発見した。温度に絶対温度を用いると、この関係は「一定の圧力、一定量の気体の体積は絶対温度に比例する」と書き換えることができ、さらに右図の中の式のようにも表現できる。これが**シャルルの法則**である。

温度が下がると、気体の体積が減少し0に近づく。理論的にはこの最低温度は**絶対温度めもりの0K**である。フランスの物理学者のジャック・シャルル（1746-1823）はこの法則を1787年に発見した。

熱気球は、気球の中の空気を熱すると体積が増えて密度が下がるので、空気の浮力を受けて上昇する。

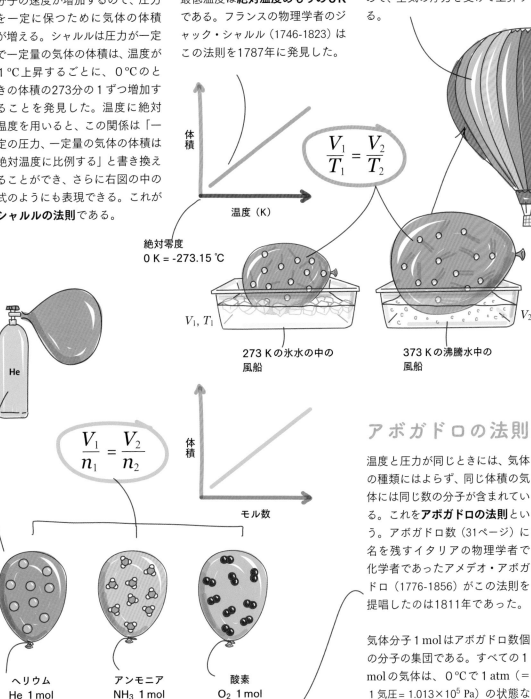

体積

温度（K）

$$\frac{V_1}{T_1} = \frac{V_2}{T_2}$$

絶対零度
0 K = -273.15 ℃

V_1, T_1

V_2, T_2

273 Kの氷水の中の風船

373 Kの沸騰水中の風船

He

$$\frac{V_1}{n_1} = \frac{V_2}{n_2}$$

体積

モル数

ヘリウム
He 1 mol

V= 22.4 L

p = 1 atm

T = 273.15 K

アンモニア
NH$_3$ 1 mol

V= 22.4 L

p = 1 atm

T = 273.15 K

酸素
O$_2$ 1 mol

V= 22.4 L

p = 1 atm

T = 273.15 K

アボガドロの法則

温度と圧力が同じときには、気体の種類にはよらず、同じ体積の気体には同じ数の分子が含まれている。これを**アボガドロの法則**という。アボガドロ数（31ページ）に名を残すイタリアの物理学者で化学者であったアメデオ・アボガドロ（1776-1856）がこの法則を提唱したのは1811年であった。

気体分子1 molはアボガドロ数個の分子の集団である。すべての1 molの気体は、0℃で1 atm（＝1気圧 = 1.013×10^5 Pa）の状態ならばほぼ22.4 Lの体積がある。気体を考えるときには0℃で1 atmの状態を**標準状態**と呼ぶことが多い。

ゲーリュサックの法則

気体の体積とモル数が一定であれば、その圧力は気体の絶対温度に比例する。これを**ゲーリュサックの法則**と呼ぶことがあるが、右のページで説明するボイル=シャルルの法則にはこの関係が含まれ

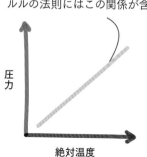

圧力

絶対温度

ている。この法則名はフランスの物理学者で化学者であったゲーリュサック（1778-1850）が1808年に発表した気体反応の法則（129ページ）を指すこともあって、そちらをゲーリュサックの第二法則、ここに示した関係を第一法則と呼ぶこともある。

$$\frac{p_1}{T_1} = \frac{p_2}{T_2}$$

密閉された圧力鍋では、ふつうの鍋よりも沸点が上昇し中の温度が高くなるので速く調理できる。一般的な圧力鍋ではおよそ2気圧で120 ℃程度になる。沸騰によって鍋の中の気体の量が増えるので、2気圧になっても絶対温度は2倍にはならない。

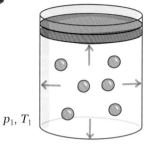

p_1, T_1

p_2, T_2

理想気体

どのような場合にもここまでに述べた気体に関するの4つの法則に従う気体を**理想気体**という。気体の圧力、体積、温度、モル数に関するボイル、シャルル、アボガドロの法則をまとめると、右の中央の式で書ける。これをn molの**理想気体の状態方程式**といい、Rは気体の種類には無関係な定数で**気体定数**と呼ばれている。

$$p_1 V_1 = p_2 V_2$$

$$\frac{V_1}{n_1} = \frac{V_2}{n_2}$$

$$pV = nRT$$

$$\frac{V_1}{T_1} = \frac{V_2}{T_2}$$

$$\frac{p_1}{T_1} = \frac{p_2}{T_2}$$

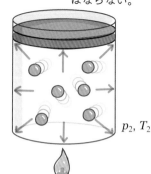

$$R = 0.08206 \frac{\text{L·atm}}{\text{mol·K}}$$

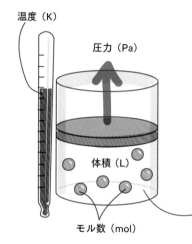

温度（K）

圧力（Pa）

体積（L）

モル数（mol）

すべての1 molの気体の体積は標準状態で22.4 Lであるから、気体定数の数値は右のようになる。単位を変えるとRは8.314×10^3 Pa·L/(mol·K) = 8.314 J/(mol·K)である。

理想気体の状態方程式を使えば、圧力、温度、体積、モル数のうち

のどれか3つの量で理想気体の状態は完全に定義されるが、実際に存在する気体は低温では液体や固体になることもあって、厳密にはこの状態方程式に従わない。

ボイル－シャルルの法則

体積の変化が可能だけれども気体が出入りすることのない、風船のような閉じた容器の中のある量の気体の圧力、温度、体積の間の関係は、ボイルの法則とシャルルの法則を組み合わせた**ボイル－シャルルの法則**で記述される。気体の周囲の条件が変わったときの気体の変化のようすがこの法則でわかる。

高層大気の気圧、気温、風速、風向などの気象データを収集するために観測気球が使われている。気球には空気よりも密度の小さい水素 H_2 またはヘリウム He が充填されて、機器を観測の対象とな

る高度へ運びながらデータを地上局へ無線送信する。このような気象観測装置をラジオゾンデと呼び、現在 1 日 2 回世界の約800地点で同時刻に観測が実施されている。

$$\frac{p_1 V_1}{T_1} = \frac{p_2 V_2}{T_2}$$

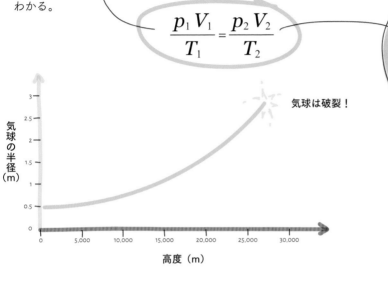

気球は破裂！

気球の半径（m）

高度（m）

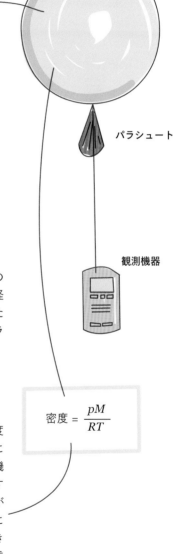

パラシュート

観測機器

気温は地表からの高度およそ10 km で −60 ℃ 程度になるまでどんどん下がり、それ以上の高層ではあまり大きく変化しない。しかし気圧は高度とともに急激に低

下するので、上昇中の観測気球の中の水素が膨張して気球の半径は大きくなり、およそ27 km あたりで破裂する。観測機器はパラシュートで帰還する。

気体の密度

気体の密度は理想気体の状態方程式から求めることができ、モル質量 M（g/mol）に比例する。空気は酸素と窒素の体積比がおよそ 1：4 の混合気体なので、25 ℃の地表付近では、空気のモル質量は約29 g/molで密度は 1.18 g/L、ヘリウムの場合はモル質量は 4 g/mol、密度が0.164 g/L、水

素ではモル質量は 2 g/mol、密度が0.082 g/L である。密度の差によって観測気球は浮力を受け、機器を吊り下げて大気中を上昇する。上昇とともに大気の密度が下がるが、気球は膨張してさらに浮力を受け続ける。気球の大きさは計画される観測の機器の重量に応じて決められる。

$$密度 = \frac{pM}{RT}$$

混合気体

身近に純粋な気体が存在することはほとんどない。たとえば、空気は酸素、窒素、二酸化炭素、アルゴン、その他の微量な気体の混合物である。混合気体のそれぞれの分子は小さく、気体分子運動論では粒子間の相互作用を考えないので、独立な気体として扱うことができる。混合気体の成分である各気体の体積と温度は等しいけれども、個々の気体の圧力はそれぞれのモル数による。

ドルトンの法則

混合気体の全体積に各成分気体が単独で存在したときに示す圧力を**分圧**という。混合気体が示す圧力、すなわち**全圧**は、その成分であるそれぞれの気体の分圧の合計であるというのが**ドルトンの分圧の法則**である。

混合気体の各成分の分圧は、全圧と**モル分率** X の積である。モル分率とは、混合気体のモル数の合計に対する1つの成分のモル数の割合である。

気体 A   気体 B   気体 C

p_A n_A p_B n_B p_C n_C

$$T_A = T_B = T_C$$

$$V_A = V_B = V_C$$

理想気体の状態方程式は、純粋な気体にも混合気体にも使える

$$X_A = n_A / n_全$$

$$p_全圧 V = n_全 RT$$

$$p_全圧 = p_A + p_B + p_C$$

$$p_A = X_A \cdot p_全圧$$

$$p_B = X_B \cdot p_全圧$$

$$p_C = X_C \cdot p_全圧$$

ドルトンの分圧の法則の実例は周辺にもたくさんある。たとえば、混合気体である大気の体積のおよそ21％は酸素である。海面近くでは大気の圧力はおよそ 1 atm で、酸素の分圧はおよそ 0.20 atm である。しかし、8,000 m級の高山の山頂では大気圧が低く、酸素の分圧は0.066 atm ほどになる。標高が高くなると登山者はじゅうぶんに呼吸ができず、**低酸素症**を発症し、頭痛やめまい、呼吸困難などを引き起こす。エベレスト山頂などでは、空気中の酸素の分圧が低すぎて意識消失や致命的な状態になることもあるので、エベレスト登攀を試みる人は酸素タンクを携えるのがふつうである。

大気圧は標高が低いほど大きい

標高

10,000 m

酸素の分圧は約0.066 atm

8,000 m

6,000 m

4,000 m

2,000 m

酸素の分圧は約0.20 atm

海面   0

化学反応

気体の相で起こる化学反応も多く、反応物か生成物のどちらかに気体が含まれることも多い。化学反応に含まれる気体を化学量論にしたがって計量するには、質量よりも体積を使う方が簡単である。理想気体の状態方程式を使えば、モル数と体積は計算で変換できる。

気体反応の法則

もし化学反応に関与する気体がすべて同じ温度と圧力であったら、化学量論係数は気体の体積でもあるしモル数でもある。これがゲーリュサックが発見した**気体反応の法則**である。反応体積比の法則と呼ぶこともある。

アンモニアNH_3の生成の化学反応式に書かれた化学量論係数の1：3：2というモル比は体積比でもある。つまり1Lの窒素N_2の気体と3Lの水素H_2の気体を反応させると、2Lの気体のアンモニアが生成される。

もし反応に関与するすべての気体が同じ温度と圧力ならば、気体の体積は状態方程式によりモル数に対応する。

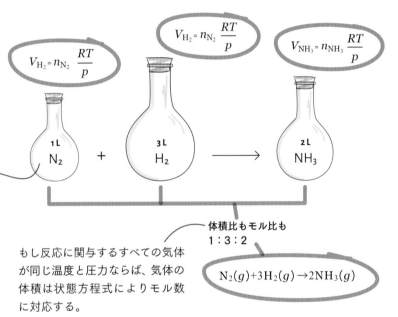

$$V_{H_2} = n_{N_2} \frac{RT}{p}$$

$$V_{H_2} = n_{N_2} \frac{RT}{p}$$

$$V_{NH_3} = n_{NH_3} \frac{RT}{p}$$

1L
N_2

+

3L
H_2

$\longrightarrow$

2L
NH_3

体積比もモル比も
1：3：2

$$N_2(g) + 3H_2(g) \rightarrow 2NH_3(g)$$

水上置換法

反応の生成物である気体を集めるとき、その気体が水に溶けにくければ**水上置換**という方法が使える。たとえば水で希釈した塩酸HClと亜鉛Znを使って水素H_2の気体を発生させると、捕集びんには水蒸気と水素の混合気体が得られる。捕集びんの内側と外側の水面が一致したとき、びんの中の水素と水蒸気の全圧力は大気圧に等しくなる。この温度での水の蒸気圧と大気圧との差から、びんの中の水素の分圧がわかる。捕集びんの中の気体の体積と水素の分圧、そして気体の状態方程式を使えば、この実験で得られた水素のモル数を求めることができる。

$$p_{全圧} = p_{H_2} + p_{H_2O}$$

H_2O

H_2

Zn

HCl

$$Zn\,(s) + 2HCl\,(aq) \rightarrow H_2\,(g) + ZnCl_2\,(aq)$$

✓ まとめ

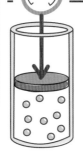

圧力
単位面積に
かかる力。

$$\sqrt{\frac{3RT}{M}}$$

2乗平均速度
気体分子の速度の
大きさの平均値。

弾性衝突
運動エネルギーの和が
保存される。

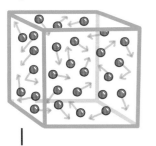

ブラウン運動
気体分子の衝突によるコロイ
ド粒子の不規則な運動。

気体分子の熱運動

気体の化学

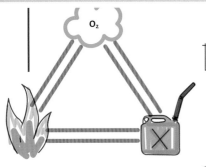

気体反応物
反応に使われる気体
の化合物。

気体生成物
反応の結果、生成される
気体。

化学反応

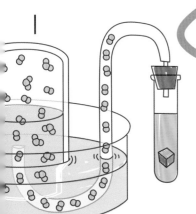

気体の水上置換
気体生成物を捕集する方法。

気体反応の法則
気体の体積はモル数に対応する。

  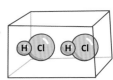

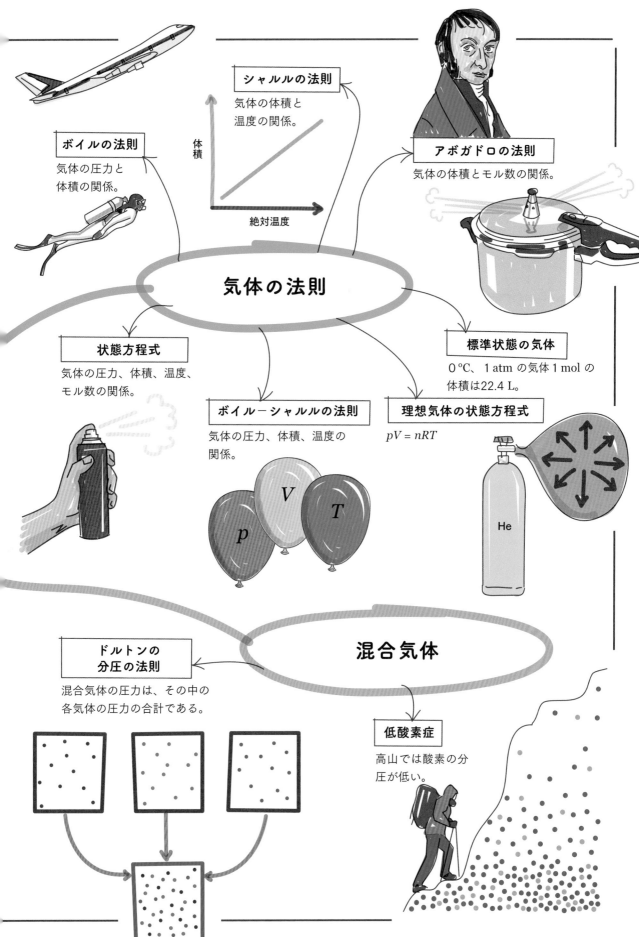

シャルルの法則

気体の体積と温度の関係。

体積

絶対温度

ボイルの法則

気体の圧力と体積の関係。

アボガドロの法則

気体の体積とモル数の関係。

気体の法則

状態方程式

気体の圧力、体積、温度、モル数の関係。

ボイル－シャルルの法則

気体の圧力、体積、温度の関係。

V

T

p

標準状態の気体

0 ℃、1 atm の気体 1 mol の体積は22.4 L。

理想気体の状態方程式

$pV = nRT$

He

混合気体

ドルトンの分圧の法則

混合気体の圧力は、その中の各気体の圧力の合計である。

低酸素症

高山では酸素の分圧が低い。

化学平衡

　化学反応には、酸素と水素の混合気体に点火したときのように爆発的に進行するものや、鉄くぎがさびるようにとてもゆっくりなものがあり、反応の進み方はさまざまである。また、化学反応の多くは反応物から生成物へという方向だけではなく、逆方向の進行も可能である。そのような反応は可逆反応と呼ばれている。反応物を混ぜ合わせると、生成物ができる方向へ反応が進行するが、可逆反応で生成物と反応物が同時に存在する場合には、逆方向に進行して生成物が分解して反応物に戻ることもある。可逆反応に対して、一方向にしか進まない反応は不可逆反応と呼ばれている。

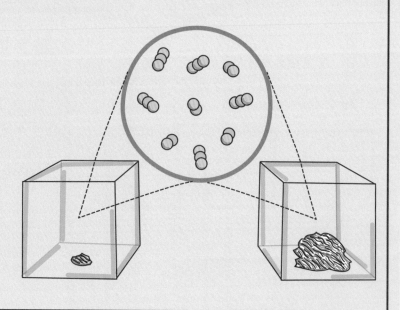

化学平衡の状態

可逆反応で反応物から生成物へ進行する反応を「正反応」、逆向きの反応を「逆反応」という。両方の反応の進行の割合が等しければ、平衡に達し、その後は反応物と生成物の量は変化はしない。しかし、これは反応が終わったということではない。正反応と逆反応が同じ速さで進行しているだけで反応はまだ続いている。この状態を「化学平衡の状態」、または単に「平衡状態」という。

平衡状態

ある水槽の水の流入量と流出量が等しいときには、水槽内の水量は変化しない。水の流入を正反応、流出を逆反応と考えれば平衡状態になっている。このように完全な静止状態でない平衡状態を**動的な平衡状態**と呼ぶ。

密閉された容器に入っている四酸化二窒素 N_2O_4 の分解反応が始まるときには N_2O_4 の分子だけが存在しているが、反応が始まるとすぐに二酸化窒素 NO_2 ができる。はじめは正反応の進む割合が逆反応よりも大きいので、N_2O_4 の量が減少し、NO_2 の濃度の増大が続く。

流入量＝流出量

平衡状態

水槽の水量は変化しない

化学平衡の状態では、正反応の進行と逆反応の進行の割合が等しくなり、反応している混合物の中の N_2O_4 と NO_2 のそれぞれの濃度は変化しない。反応式の双方向の矢印（往復の矢印）は可逆反応を示し、逆反応が可能で平衡状態があるいう意味である。右向きの矢印が正反応、左向きの矢印が逆反応である。

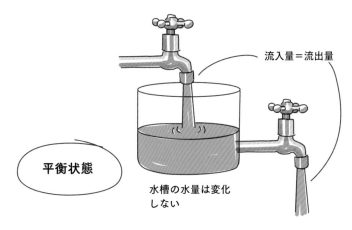

反応の進行につれて N_2O_4 の濃度が減少し、NO_2 の濃度が増大する

N_2O_4

NO_2

濃度

NO_2

N_2O_4

平衡状態の達成

開始時：N_2O_4 だけが存在する

時刻

$$N_2O_4\,(g) \leftrightarrows 2NO_2\,(g)$$

可逆反応を示す矢印

平衡定数

化学反応で平衡状態になると、反応条件（たとえば温度など）に変化がない限り、反応物と生成物の濃度は変化しなくなる。必ずしも両方の濃度が等しいわけではなく、平衡状態における反応物と生成物の相対的な濃度を表すのが「平衡定数」と呼ばれる量で、K_c と書かれる。添字のcは濃度concentrationを表す。

化学平衡の法則

温度が一定のときに可逆な反応が平衡状態にあれば、反応物と生成物の濃度の比は一定の値となる。これが**化学平衡の法則**で、平衡定数もこの比で定義される。

この法則は「質量作用の法則」とも呼ばれているが、初期の化学では濃度を「活性質量」と呼んだからである。

反応物（A、B）と生成物（C、D）に関する一般的な可逆反応は化学量論係数 a、b、c、d を使うと下のような反応式で書ける。この可逆反応の平衡定数 K_c は左に示すように、反応物と生成物のそれぞれのモル濃度に化学量論係数のべきをつけたものの比として表現され、単位のない一定の数値となる。

濃度で表した平衡定数

分子は生成物

$$K_c = \frac{[C]^c[D]^d}{[A]^a[B]^b}$$

べきの数字は化学量論係数

[A] は反応物A のモル濃度

分母は反応物

$$aA + bB \leftrightarrows cC + dD$$

$$K_c = \frac{[NO_2]^2}{[N_2O_4]}$$

$$p_{NO_2} = [NO_2]RT$$
$$p_{N_2O_4} = [N_2O_4]RT$$
$$K_p = K_c(RT)^{\Delta n}$$

$$K_p = \frac{(p_{NO_2})^2}{p_{N_2O_4}}$$

気体の反応の場合には、平衡時の各気体のモル濃度による**平衡定数**（K_c、濃度平衡定数ともいう）の他に、成分気体の分圧と化学量論係数のべきを用いた**圧平衡定数**（K_p）でも記述できる。N_2O_4 から NO_2 への分解反応では、どちらの物質も室温では気体なので K_p を使う。pは圧力pressure を示す。

気体の状態方程式を用いて各成分気体の分圧を濃度、つまり物質量で表現し、圧平衡定数の分圧に置き換えると、気体の化学反応の平衡状態に対する K_p と K_c の関係が導かれる。この式でRは気体定数、Tは絶対温度、Δn は生成物の化学量論係数の和から反応物の化学量論係数の和を差し引いたものである。N_2O_4の分解反応の場合には$\Delta n = 1$である。

$$N_2O_4\,(g) \leftrightarrows 2NO_2\,(g)$$

不均一系の平衡定数

ある閉じた系の中に、気体と純粋な液体、気体と純粋な固体、あるいは液体と純粋な固体のように異なる2つの相が共存している状態を**不均一な系**という。たとえば図のように、容器中に二酸化炭素 CO_2 の気体と固体の炭素 C が共存している状態が不均一な系である。この系の固体の炭素の存在は平衡定数には含まれない。つまり純粋な固体、あるいは純粋な液体が反応に関与していても、その濃度は変わらないので平衡定数には現れない。

二酸化炭素 CO_2 の気体は、高温ではグラファイト（C、固体の炭素）と反応して一酸化炭素 CO の気体となる。気体相での CO_2 と CO の間の平衡には、固体の炭素があることだけが必要で、その量は平衡に影響しない。

炭素の固体は、その量が化学平衡に影響を与えることがないので K の表式には現れない。

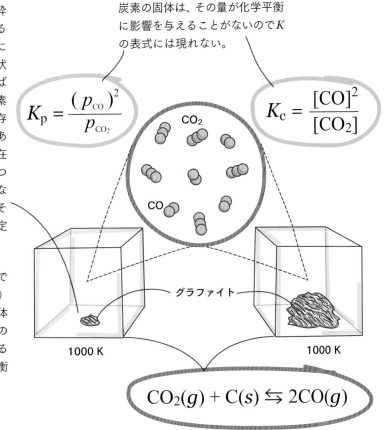

$$K_{\mathrm{p}} = \frac{(p_{\mathrm{CO}})^2}{p_{\mathrm{CO_2}}}$$

$$K_{\mathrm{c}} = \frac{[\mathrm{CO}]^2}{[\mathrm{CO_2}]}$$

グラファイト

1000 K   1000 K

$$CO_2(g) + C(s) \leftrightarrows 2CO(g)$$

平衡定数の大きさ

K は平衡状態での生成物と反応物の濃度の比を表している。K の値によって、ある反応条件でどれだけの生成物ができるかがわかる。

K が大きければ、平衡状態での生成物の濃度は反応物の濃度よりはるかに大きい。したがって生成物が多いところで平衡に達する。

K の増大

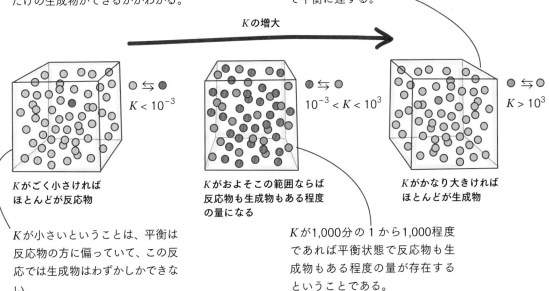

$K < 10^{-3}$

$10^{-3} < K < 10^3$

$K > 10^3$

K がごく小さければほとんどが反応物

K がおよそこの範囲ならば反応物も生成物もある程度の量になる

K がかなり大きければほとんどが生成物

K が小さいということは、平衡は反応物の方に偏っていて、この反応では生成物はわずかしかできない。

K が1,000分の1から1,000程度であれば平衡状態で反応物も生成物もある程度の量が存在するということである。

反応比

最初に反応物だけしかなければ、反応は生成物ができる方向へ進行するしかない。可逆な反応の場合には、最初にあるのが生成物だけであれば、逆に反応物を作り出す方向へと反応は進行する。非平衡の状態で反応物と生成物がともに存在すれば、化学反応の進行とその方向は反応比（反応商ともいうこともある）によって決定される。

K と Q

反応比 Q は K と同じように反応物と生成物の濃度の比で定義されるが、反応は平衡状態になくてもよい。Q の表示に使われる濃度は必ずしも平衡状態の濃度ではない。

Q の数値を見れば、反応が平衡状態に近いか、そうでないかがわかる。まだ平衡に達していなければ、K に対する Q の大小によって、反応がどちら向きに進行しているかもわかる。

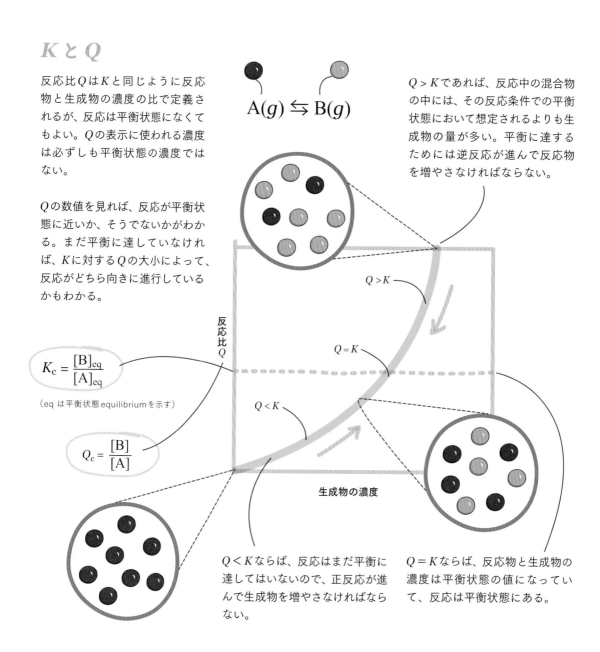

$Q > K$ であれば、反応中の混合物の中には、その反応条件での平衡状態において想定されるよりも生成物の量が多い。平衡に達するためには逆反応が進んで反応物を増やさなければならない。

$$K_c = \frac{[\mathrm{B}]_{\mathrm{eq}}}{[\mathrm{A}]_{\mathrm{eq}}}$$

（eq は平衡状態 equilibrium を示す）

$$Q_c = \frac{[\mathrm{B}]}{[\mathrm{A}]}$$

$Q < K$ ならば、反応はまだ平衡に達してはいないので、正反応が進んで生成物を増やさなければならない。

$Q = K$ ならば、反応物と生成物の濃度は平衡状態の値になっていて、反応は平衡状態にある。

平衡の移動

平衡状態に達した化学反応は、温度や濃度などの反応条件が変わらない限り平衡状態を続ける。しかし平衡状態にあるときにその条件を変更すると、平衡状態は影響を受ける可能性がある。つまり平衡状態にあるときに反応条件が変更されると、系はそれに応じて外部からの影響を打ち消す、あるいは緩和する方向へ平衡を移動させて新しい平衡状態になる。これを「ルシャトリエの原理（平衡移動の原理）」という。

濃度の変更

一定の温度で化学平衡の状態にあるときに反応物や生成物を加えたり取り除いたりすると、平衡状態に影響を与えるが、Kの数値が変わることはない。また、液体と純粋な固体、気体と純粋な固体、気体と純粋な液体という不均一系の化学平衡では、純粋な固体、あるいは純粋な液体の量を多少変化させても反応に影響する濃度を変化させたことにはならないので、平衡状態には影響を与えない。

反応物の量が増えるとQの分母の値が増えて$Q < K$となる。反応はただちに右へ進み、生成物を増やして、Kの値を一定に維持するために新しい平衡状態に移動する。

新しい平衡状態では、反応物と生成物の濃度はもとの平衡状態とは異なっている。しかし濃度の比から計算される平衡定数は、化学平衡の法則によって一定に保たれている。

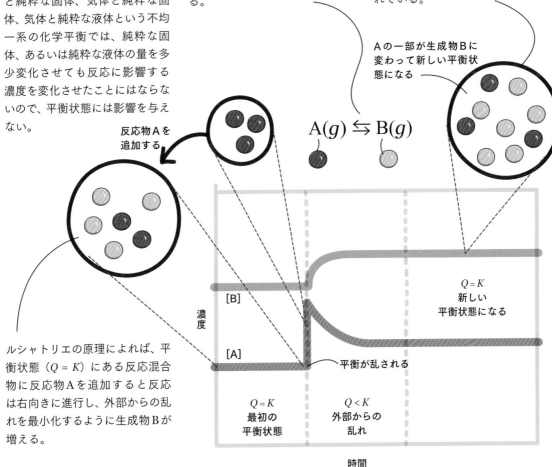

Aの一部が生成物Bに変わって新しい平衡状態になる

反応物Aを追加する

$$A(g) \leftrightharpoons B(g)$$

$Q = K$
新しい平衡状態になる

[B]

濃度

[A]

平衡が乱される

ルシャトリエの原理によれば、平衡状態（$Q = K$）にある反応混合物に反応物Aを追加すると反応は右向きに進行し、外部からの乱れを最小化するように生成物Bが増える。

$Q = K$
最初の平衡状態

$Q < K$
外部からの乱れ

時間

圧力あるいは体積の変化

液体と固体は圧縮できないので、圧力あるいは体積が変化するのは気体の反応の場合だけである。気体の圧力と体積は反比例の関係にあって、一方が増加すれば他方が減少する。

水素 H_2 の気体 1 mol と窒素 N_2 の気体 3 mol から、アンモニア NH_3 の気体 2 mol ができる。温度一定のもとで圧力を増して体積が減少すれば、反応は体積が減少するように右向きに進行し、平衡状態は移動する。

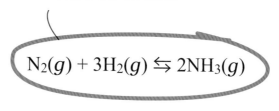

$$N_2(g) + 3H_2(g) \leftrightarrows 2NH_3(g)$$

体積が減少すれば反応は
右へ進行する

$p_2 > p_1$
$V_2 < V_1$

圧力を加えた直後

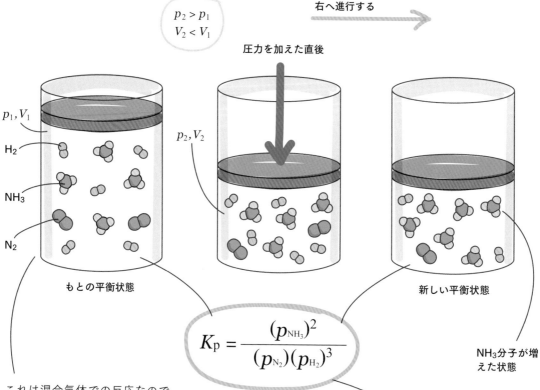

p_1, V_1

H_2

NH_3

N_2

p_2, V_2

もとの平衡状態

新しい平衡状態

$$K_p = \frac{(p_{NH_3})^2}{(p_{N_2})(p_{H_2})^3}$$

NH_3 分子が増えた状態

これは混合気体での反応なので、それぞれの気体はドルトンの分圧の法則にしたがう。全体の圧力が増えれば、それぞれの気体の分圧は同じ割合で増加する。すべての反応物の化学量論係数の和とすべての生成物の化学量論係数の和が等しければ、反応の前後の気体のモル数の合計が同じなので、各物質の分圧の変化は平衡状態には影響しない。しかし、上の水素 H_2 と窒素 N_2 の反応ではそうはならず、平衡状態は影響を受ける。

この反応系に外部から圧力をかけると、この系は分圧の合計を減らして平衡状態を回復しようとする。つまり各気体の分圧が同じ割合で増加すれば、反応比の化学量論係数の和が大きい分母の方が圧力による増加が大きく、反応比の数値は小さくなる。そこで反応は右向きに進行して水素と窒素の分圧を減らし、アンモニア NH_3 の分圧を高めて新しい平衡状態に到達することになる。

温度が一定である限りは圧平衡定数 K_p の最終的な数値は変わらず、分圧が変化しても同じ数値になる。

9 ページで紹介したハーバーは、100 atm を超える高圧でこの反応を進めて、アンモニアの収量を高めた。

温度の変更

化学反応における反応物の温度を上げなければならないということがよくある。それは、反応の際に熱エネルギーが使われる**吸熱反応**の場合である。逆に**発熱反応**の場合には、熱エネルギーが生成されて放出される。

N_2O_4の分解反応は吸熱反応である。平衡状態でこの反応の温度を上げることは、反応物の側に外部から乱れを加えたことになる。するとルシャトリエの原理にしたがって加えた熱を使って生成物の側へ反応が進行し、NO_2を生成することになる。

温度を上げると吸熱反応は右向きに進行し、発熱反応は逆の方向へ向かう。N_2O_4を$2NO_2$に分解する反応が平衡状態にあるときに温度を下げると、化学反応は新しい平衡状態を達成するために$2NO_2$からN_2O_4を生成する方向へ向かう。

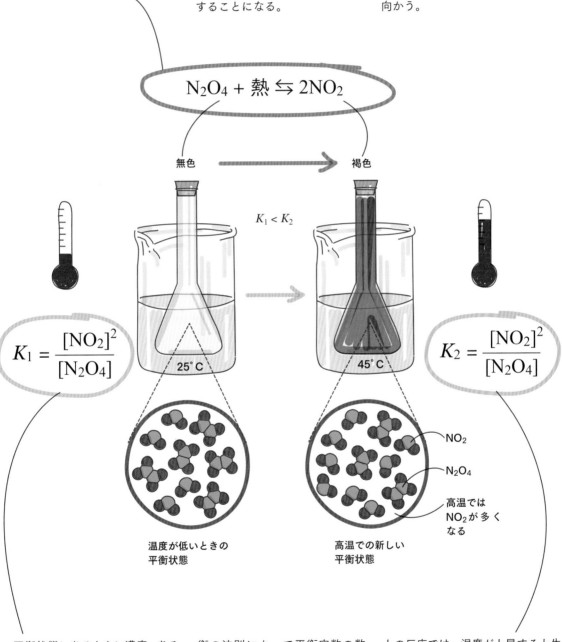

$$N_2O_4 + 熱 \leftrightarrows 2NO_2$$

無色　　　　　褐色

$K_1 < K_2$

$$K_1 = \frac{[NO_2]^2}{[N_2O_4]}$$

$$K_2 = \frac{[NO_2]^2}{[N_2O_4]}$$

25℃

45℃

NO_2

N_2O_4

高温ではNO_2が多くなる

温度が低いときの平衡状態

高温での新しい平衡状態

平衡状態にあるときに濃度、あるいは圧力（体積）が変化すると、新しい平衡状態を達成するために反応の方向が変わるが、化学平衡の法則によって平衡定数の数値は変わらない。しかし、温度が変化した場合には平衡状態が変わって、平衡定数の数値も変わる。

上の反応では、温度が上昇すると生成物の濃度が増加して、平衡定数の数値も大きくなる。

平衡定数の計算

平衡状態にあるときには関与する化合物の濃度は変化しないので、数値で確認することができる。平衡状態での濃度が1つでもわかっていれば、その温度での濃度平衡定数Kの数値を計算することができる。逆にKがわかっているならば、関係するすべての化合物の平衡時の濃度を計算で決定できる。

濃度の変化を追跡する ICE の表

簡単に計算を進めるために、反応物のそれぞれと生成物のそれぞれに対応する列を用意し、反応前の濃度I、濃度の変化量C、平衡に達したときの濃度Eを行にして表を作る。Iの行には反応の前に用意した物質の濃度、Cの行には反応物の減少量に－（マイナス）、生成物の増加量に＋（プラス）をつけて化学量論係数に基づいた各物質の変化量を記入すれば、Eの行で平衡に達したときの情報がわかる。ここで扱う例は2 mol/Lの窒素と1 mol/Lの水素を用いてアンモニアの気体を生成する反応で、列にはN_2、H_2、NH_3が順に対応している。

$$N_2(g) + 3H_2(g) \leftrightarrows 2NH_3(g)$$

I	2	1	0
C			
E			

反応前の濃度を表のIの行に書く。

$$N_2(g) + 3H_2(g) \leftrightarrows 2NH_3(g)$$

I	反応前の濃度（モル濃度 mol/L）
C	濃度の変化量（モル濃度 mol/L）
E	平衡状態の濃度（モル濃度 mol/L）

反応前の濃度をIの行に記入し、平衡に達したときの反応に関与する物質のどれかの量をわかっているものとしてEの行に書く。ここではNH_3の濃度を0.5 mol/Lとしている。

$$N_2(g) + 3H_2(g) \leftrightarrows 2NH_3(g)$$

I	2	1	0
C			
E			0.5

K の値がわかっているときに
平衡状態の濃度を計算する手続き

 平衡に達したときの濃度がわかっているときに
平衡定数 K を計算する手続き

E 行の x を含む濃度を K の表式に書き込む。K の数値はわかっているので、この式から x を決めれば平衡状態の濃度の数値を求めることができる。

$$N_2(g) + 3H_2(g) \leftrightarrows 2NH_3(g)$$

I	2	1	0
C	-x	-3x	+2x
E			

たとえば反応物 N_2 の濃度の変化量を $-x$ として、反応式に対応するすべての反応物と生成物の濃度の変化量を x と化学量論係数を使って C 行に記入する。

E 行は I 行と C 行との和である。この例では生成物の E 行の数値がわかっているとするので、生成物の E 行と I 行の差が C 行の数値になる。すると反応式の化学量論係数から反応物の C 行の数値がわかり、I 行との和がこの反応の平衡時の反応物の濃度となる。

$$N_2(g) + 3H_2(g) \leftrightarrows 2NH_3(g)$$

I	2	1	0
C	-x	-3x	+2x
E	2-x	1-3x	2x

E 行は I 行と C 行との和であり、平衡に達したときの濃度の関係を示している。

$$K = \frac{(2x)^2}{(2-x)(1-3x)^3}$$

$$K = \frac{(0.5)^2}{(1.75)(0.25)^3}$$

$$N_2(g) + 3H_2(g) \leftrightarrows 2NH_3(g)$$

I	2	1	0
C	-0.25	-0.75	0.5
E	1.75	0.25	0.5

E の行から得られた濃度を K の表式に入れて計算すれば、その反応温度での平衡定数 K_c の数値が求められる。

平衡状態の達成

反応が両方向へ同じ割合で起こっ
ていて、反応物の濃度も生成物の濃
度も変化しない。

化学平衡の状態

化学平衡

ICEの表を利用した平衡状態の濃度の
計算。

平衡状態の濃度を決める方法

平衡定数の計算

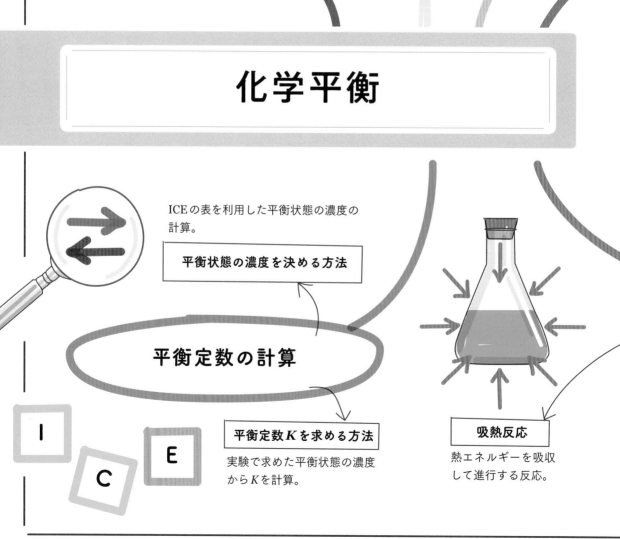

平衡定数 K を求める方法

実験で求めた平衡状態の濃度
から K を計算。

吸熱反応

熱エネルギーを吸収
して進行する反応。

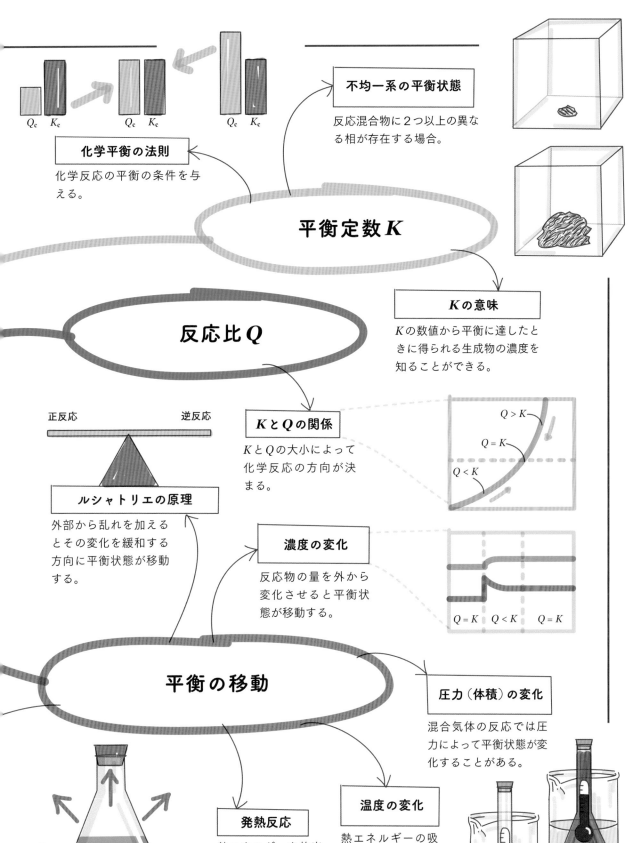

不均一系の平衡状態

反応混合物に2つ以上の異なる相が存在する場合。

化学平衡の法則

化学反応の平衡の条件を与える。

Q_c　K_c　　Q_c　K_c　　Q_c　K_c

平衡定数 K

K の意味

K の数値から平衡に達したときに得られる生成物の濃度を知ることができる。

反応比 Q

正反応　　　　　　逆反応

ルシャトリエの原理

外部から乱れを加えるとその変化を緩和する方向に平衡状態が移動する。

K と Q の関係

K と Q の大小によって化学反応の方向が決まる。

$Q > K$

$Q = K$

$Q < K$

濃度の変化

反応物の量を外から変化させると平衡状態が移動する。

$Q = K$　$Q < K$　　$Q = K$

平衡の移動

圧力（体積）の変化

混合気体の反応では圧力によって平衡状態が変化することがある。

発熱反応

熱エネルギーを放出して進行する反応。

温度の変化

熱エネルギーの吸収または放出によって平衡定数が変化する。

酸 と 塩 基

　酸性、アルカリ性、それにリトマス試験紙という言葉は
どこかで聞いたことがあるに違いない。この章では酸と塩
基を扱う。酸は英語でacidと言い、これはラテン語で「酸
っぱい」という意味のacereを語源としている。塩基の英語
はbaseであるが、塩基のうち水に溶けるものをアルカリと
言い、その水溶液の性質がアルカリ性である。「アルカリ」
の語源はアラビア語のalqaliである。酸と塩基は日常生活に
もたびたび登場する。食べたものの消化を助け、薬として
働き、いろいろな食べ物や飲み物の味や香りとなり、洗浄
剤にも使われるなど、私たちの生活になくてはならない。

〔訳注：物質に対して、その色や酸性、塩基性などの性質で表現するときには「定性的」、温度や体積、
pHのように物質の特徴を数値で表現し、処理するときには「定量的」という言葉を使う。〕

酸と塩基

次のページ以降で詳しく説明するように、酸と塩基には特徴的な性質と働きがある。水に溶けてオキソニウムイオンのモル濃度〔H_3O^+〕を増加させる物質が**酸**、水酸化物イオンのモル濃度〔OH^-〕を増加させる物質が**塩基**で、これらのイオンが酸、塩基の特徴的な性質の原因になっている。状況に応じて酸の働きをしたり塩基の働きをしたりする**両性的**な物質もある。

水の電離

物質がイオンに分かれることを**電離**という。水は電離するとオキソニウムイオン H_3O^+ と水酸化物イオン OH^- になる。オキソニウムイオンは、2つの水分子が衝突して片方の分子の水素イオン H^+ が他方の水分子に移動してできる。

現在の理論では水溶液中に水素イオンが安定に存在することはなく、オキソニウムイオンとなっていると考えられている。水は室温ではわずかしか電離しないので、多くは水分子のままである。

純粋な水のわずかな電離によって生ずる〔H_3O^+〕と〔OH^-〕は等しく、25℃のときの平衡定数の測定値と、およそ56 mol/Lという水のモル濃度の数値から、それぞれ $1.0×10^{-7}$ mol/L であることがわかっている。これらのモル濃度の積〔H_3O^+〕〔OH^-〕＝$1.0×10^{-14}$ mol²/L² を**水のイオン積**といい、K_w と書く。この値は極めて小さいので水の電離反応の平衡はずっと左の方にある。

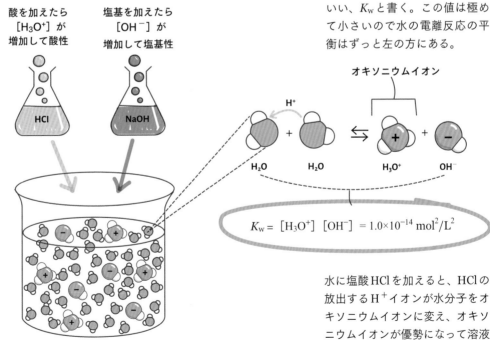

酸を加えたら〔H_3O^+〕が増加して酸性

塩基を加えたら〔OH^-〕が増加して塩基性

HCl

NaOH

オキソニウムイオン

H^+

$+$ ⇌ $+$

H_2O　H_2O　H_3O^+　OH^-

$K_w = $〔$H_3O^+$〕〔$OH^-$〕＝$1.0×10^{-14}$ mol²/L²

HClを加えると〔H_3O^+〕＞$1.0×10^{-7}$ mol/L

NaOHを加えると〔OH^-〕＞$1.0×10^{-7}$ mol/L

水に塩酸 HCl を加えると、HCl の放出する H^+ イオンが水分子をオキソニウムイオンに変え、オキソニウムイオンが優勢になって溶液は酸性を示す。水酸化ナトリウム NaOH を加えた場合には、水酸化物イオン OH^- が放出されて過剰になり、溶液は塩基性を示す。

スウェーデンの化学者アレニウス（1859-1927）は1874年に、水溶液中で水素イオン（オキソニウムイオン）を生じる物質を酸、水酸化物イオンを生じる物質を塩基と定義した。しかし、水酸化物イオンを生じないアンモニアが実際には塩基の働きをする。そこでデンマークの物理化学者ブレンステッド（1879-1947）とイギリスの化学者ローリー（1874-1936）は1923年にそれぞれ独立に水素イオンを与える物質が酸で、受け入れる物質が塩基であるという新しい定義を提唱した。

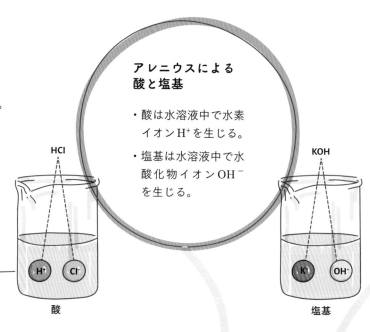

アレニウスによる酸と塩基

・酸は水溶液中で水素イオン H^+ を生じる。

・塩基は水溶液中で水酸化物イオン OH^- を生じる。

HCl

H^+ Cl^-

酸

KOH

K^+ OH^-

塩基

酸と塩基の区別

酸の特徴

・電解質

・酸っぱい味

・塩基を中和する（152ページ）

・金属や岩石に対する腐食性

・金属と反応する

重曹

塩基の特徴

・電解質

・苦い味

・酸を中和する

・動植物の組織などに対する強い腐食性

・ぬるぬるした触感

多くの柑橘類の酸味はクエン酸 $C_6H_8O_7$ が果実の水分にオキソニウムイオンを放出することによる。

水酸化ナトリウム NaOH の水溶液にはぬるぬるした触感がある。これは強い塩基が皮膚の脂肪に作用するからで、ときには化学熱傷と呼ばれる損傷を引き起こす。石けんの製造にも水酸化カリウム KOH や NaOH などの塩基が使わ

制酸剤

れていて、石けん水は弱い塩基性を示す。石けんは89ページの説明のような分子の働きで脂肪などの汚れを落とす。水で濡れた石けんが滑りやすいのは石けん分子の親水性の部分が並んで膜になり、触れたときの摩擦が小さくなるからである。

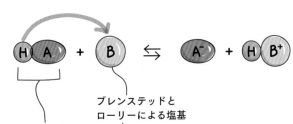

ブレンステッドと ローリーによる酸と塩基

- 酸は水素イオン H^+ を他に与える
- 塩基は水素イオン H^+ を他から受け取る

ブレンステッドと ローリーによる酸

ブレンステッドと ローリーによる塩基

塩基には水酸化物イオンをもたない物質もある。たとえば、アンモニア NH_3 は水溶液中では塩基性であるが、分子の中に OH^- イオンはない。したがって塩基の定義にはブレンステッドとローリーよる提案の方が適当だといえる。

有機化合物の中の 酸と塩基

- 炭素を含む化合物
- 酸の例：酢酸 CH_3COOH、安息香酸 C_6H_5COOH
- 塩基の例：メチルアミン CH_3NH_2、ピリジン C_5H_5N

アスピリン

ショ糖や酢酸のように炭素を含む物質が有機化合物である。食品や野菜には**有機化合物の酸や塩基**を含むものが多い。コーヒーのカフェインは塩基性、食用の酢に含まれる酢酸は酸性の有機化合物である。

有機化合物以外の物質が無機物質であるが、炭素、一酸化炭素、二酸化炭素なども無機物質である。自動車のバッテリー液に使われる硫酸 H_2SO_4 は**酸性無機物質**、用途の多いアンモニア NH_3 は**塩基性無機物質**である。

無機物質の酸と塩基

- 炭素を含むものも含まないものもある
- 酸：塩酸 HCl、硫酸 H_2SO_4、リン酸 H_3PO_4 など
- 塩基：アンモニア NH_3、水酸化ナトリウム $NaOH$ など

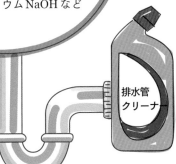
排水管 クリーナ

薬剤には酸性のものも塩基性のものもある。アスピリンはアセチルサリチル酸 $C_9H_8O_4$ と呼ばれる酸性の有機化合物であり、炭酸水素ナトリウム $NaHCO_3$（重曹）、水酸化カルシウム $Ca(OH)_2$ などの塩基性の無機物質は胃酸（149ページ）の働きを抑える制酸薬として使われている。

pHスケール

酸や塩基の水溶液の酸性あるいは塩基性の程度を定量的に表現する方法がオキソニウムイオンの指数pH、あるいは水酸化物イオンの指数pOHである。どちらの指数もそれぞれのイオンの濃度の対数を使っている。

pH と pOH

pH はオキソニウムイオンのモル濃度の対数（10のべきで表示したときの指数）に負号をつけて定義されている。つまりオキソニウムイオンの濃度が10倍になればpHの数値は1小さくなり、10分の1になればpHは1大きくなる。水溶液の酸性の程度はpHの値が小さいほど強い。

pOH は水酸化物イオンのモル濃度の対数に負号をつけて定義される。水溶液の塩基性の程度はpHの数値が大きいほど強く、pOHの数値であれば小さいほど強い。

水溶液はそのpH、あるいはpOHの数値によって中性、酸性、塩基性に分類できる。純粋な水のpHは7、pOHも7で中性である（145ページ）。水に酸性の物質を加えるとオキソニウムイオンの濃度が増加し、pHの数値は7よりも下がる。逆に塩基性の物質を加えると水酸化物イオンの濃度が上がってpHの数値が7よりも大きくなる。酸性の水溶液を水でいくら希釈してもpHは7以下の酸性であり、塩基性の場合はいくら希釈しても塩基性である。

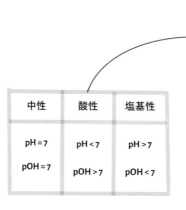

中性	酸性	塩基性
pH = 7	pH < 7	pH > 7
pOH = 7	pOH > 7	pOH < 7

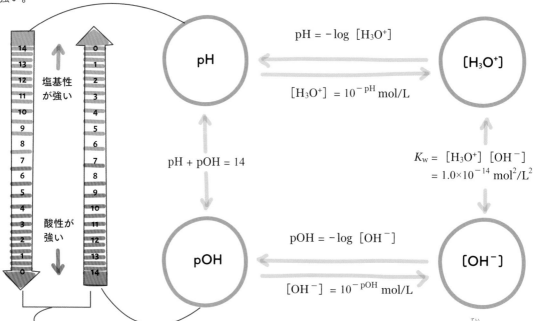

$$pH = -\log [H_3O^+]$$

$$[H_3O^+] = 10^{-pH} \text{ mol/L}$$

$$pH + pOH = 14$$

$$K_w = [H_3O^+][OH^-] = 1.0 \times 10^{-14} \text{ mol}^2/\text{L}^2$$

$$pOH = -\log [OH^-]$$

$$[OH^-] = 10^{-pOH} \text{ mol/L}$$

水のイオン積は $K_w = 1.0 \times 10^{-14}$ で一定であり、酸や塩基を加えても変わらない。したがって水溶液のpHの数値とpOHの数値の和はつねに14となり、たとえばある水溶液のpHが3ならばpOHは11である。

〔訳注：$\log x$ は10を底とする対数関数で、$x = 10^y$ ならば $\log x = y$ である。この y を10のべきの指数といい、x が10倍になれば y は1だけ増える。〕

身のまわりの酸と塩基

食品、飲料、医薬品、洗剤など日用品の多くは酸性であったり塩基性であったりする。水素イオンの供給側、あるいは受け取り側と

しての特徴的な性質がなければ、これらの酸や塩基は私たちが期待するような機能を発揮しない。たとえば制酸剤は、胃液から余分な

水素イオンを取り除くという機能のおかげで、胃酸の逆流を軽減することができる。

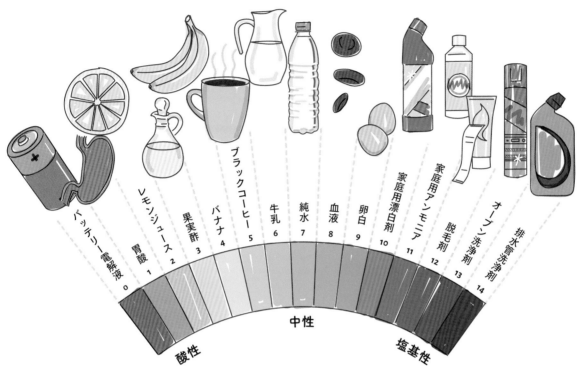

バッテリー電解液 0
胃酸 1
レモンジュース 2
果実酢 3
バナナ 4
ブラックコーヒー 5
牛乳 6
純水 7
血液 8
卵白 9
家庭用漂白剤 10
家庭用アンモニア 11
脱毛剤 12
オーブン洗浄剤 13
排水管洗浄剤 14

酸性　　　中性　　　塩基性

人体の部位によってpHの値は大きく異なる。たとえば、胃液のpHは低くて腐食性が強いが、それがなければ人間は食べたものを消化できない。臓器ごとに適切なpHの数値を保っていなければならない。そのためにはいつもバランスのとれた食事をとることが必要で、酸性や塩基性に偏りすぎた食事は健康に有害なこともある。

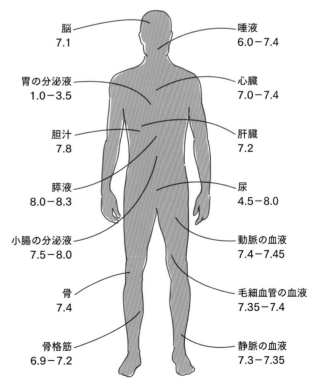

脳
7.1

唾液
6.0−7.4

胃の分泌液
1.0−3.5

心臓
7.0−7.4

胆汁
7.8

肝臓
7.2

膵液
8.0−8.3

尿
4.5−8.0

小腸の分泌液
7.5−8.0

動脈の血液
7.4−7.45

骨
7.4

毛細血管の血液
7.35−7.4

骨格筋
6.9−7.2

静脈の血液
7.3−7.35

酸と塩基の強さ

強い酸 HA

$$\text{HA} \, (aq) + \text{H}_2\text{O} \, (l) \rightarrow \text{H}_3\text{O}^+ \, (aq) + \text{A}^- \, (aq)$$

水に溶けている酸や塩基の量のうちの電離している量の割合を**電離度**といい、電離度は温度や濃度で異なる。電離度が1、すなわち水溶液中で完全に電離する酸や塩基を**強電解質**と呼び、そのような酸や塩基を**強酸、強塩基**という。胃液には塩酸HClが含まれているが、塩酸の水溶液は強酸で、水素イオンはすべてオキソニウムイオンになっている。

〔訳注：このように、一般に酸をHA、塩基をBOHと書くことが多い。〕

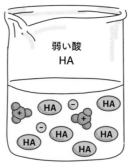

弱い酸 HA

$$K_a = \frac{[\text{H}_3\text{O}^+][\text{A}^-]}{[\text{HA}]} \ll 1$$

（添字aの意味は酸acid）

$$\text{HA} \, (aq) + \text{H}_2\text{O} \, (l) \leftrightharpoons \text{H}_3\text{O}^+ \, (aq) + \text{A}^- \, (aq)$$

電離度の小さい酸や塩基を**弱電解質**と呼び、そのような酸や塩基を**弱酸、弱塩基**という。弱電解質の水溶液は電離していない物質と電離してできたイオンが一定の割合で存在して平衡状態となる。電離による化学平衡を電離平衡と呼び、化学平衡の法則がなりたつ。このときの平衡定数が**電離定数**で、酸の電離定数をK_a、塩基の電離定数をK_bと書く。酢酸CH_3COOHは弱酸の例であり、弱酸の電離定数は1よりはるかに小さい。

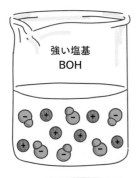

強い塩基 BOH

$$\text{BOH} \, (aq) \rightarrow \text{B}^+ \, (aq) + \text{OH}^- \, (aq)$$

水酸化ナトリウムNaOHは、水に溶けてナトリウムイオンと水酸化物イオンに完全に電離する強塩基である。水酸化物イオンの濃度が高いので、NaOHは極めて腐食性が高く、生体を傷つけることがある。詰まった排水管を通すのに使われることも多い。

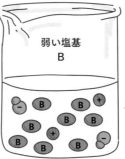

弱い塩基 B

$$K_b = \frac{[\text{BH}^+][\text{OH}^-]}{[\text{B}]} \ll 1$$

（添字bの意味は塩基base）

$$\text{B}(aq) + \text{H}_2\text{O}(l) \leftrightharpoons \text{BH}^+ \, (aq) + \text{OH}^- \, (aq)$$

アンモニアNH_3は弱塩基で、水中の水素イオンを受け取ることは少なく、溶液中にはわずかな水酸化物イオンしかできない。そのため強い塩基のような腐食性がないので、家庭用の洗浄剤として安全に使用できる。弱塩基の電離定数は上のように書けて、やはり1よりもかなり小さい。

酸と塩基の指標

有機分子のなかには「酸塩基指標」とか「pH指標」などと呼ばれて、pHの変化に敏感に反応するものがある。これらの化合物自体は弱酸、または弱塩基なので、水の中ではイオンになる割合は低い。これらの指標物質は溶液中で水素イオンが分子にくっついたり、分子から離れたりすることで色が変化する。つまりpHの変化で色が変わる。手軽にpHを調べたいときには大変便利な指標で、よく使われている。自然界にはこのような指標となる分子の例が多い。

pH指示薬は天然にも存在するし、人工的にも作れる。アントシアニンは紫キャベツの色素でpHの変化に反応して色が変わる。

アントシアニンは紫陽花にもあって、酸性の土で育った花は青く、塩基性の土で育てるとピンクがかった紫色の花になる。

酸性の土壌

塩基性の土壌

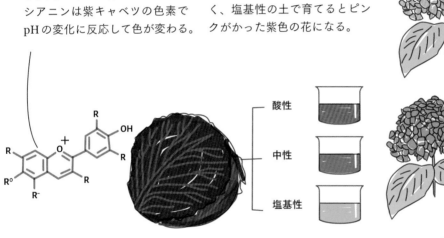

酸性

中性

塩基性

リトマス試験紙のようなpH試験紙は、プールの水などのさまざまな環境で酸性度を手早く調べられる便利なものである。万能指示薬を紙に染み込ませて乾燥したものもある。

ビーツの根

桃の果皮

トマト

自然界には食べられるpH指標の例も多い。どの場合にもpHの違いによってある特定の複雑な分子が影響を受け色の違いとして現れる。

pH指示薬として天然、あるいは合成された分子が一般に利用されている。よく使われるものは、変色域の異なる数種類の分子を混合した万能指示薬と呼ばれるもので、pH値の広い範囲をカラースペクトルで表示する。

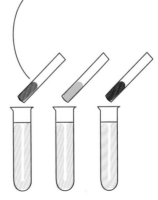

中和反応

酸と塩基が反応すると、酸の中の水素イオンと塩基の中の水酸化物イオンが結合して水になり、酸と塩基の性質は打ち消されてしまう。この反応を「中和反応」という。中和反応の結果、酸の陰イオンと塩基の陽イオンから生じるイオンの化合物が「塩（えん）」である。中和反応が身近に利用される場面も多い。

中和

酸は塩基を中和する。中和反応に使われる酸と塩基の種類によってできるイオン化合物は異なる。水酸化ナトリウム NaOH と塩酸 HCl が反応すると、塩化ナトリウム NaCl と水 H_2O ができる。

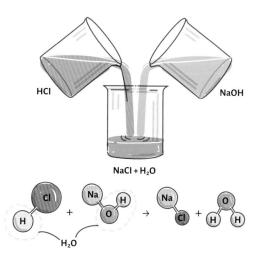

アリに咬まれたり、ハチに刺されたりすると痛いのは、アリやハチが毒性のあるギ酸 HCOOH を放出するからである。また、スズメバチの針には塩基性のペプチド化合物が含まれているといわれている。下のように塩基である炭酸水素ナトリウム $NaHCO_3$ を使うとギ酸を中和することができる。

胃液には塩酸が含まれていて、タンパク質を分解して消化を助けているが、胃酸が多すぎると消化不良や胃壁への障害を引き起こす。この症状の治療には、炭酸水素ナトリウム $NaHCO_3$、水酸化マグネシウム $Mg(OH)_2$、炭酸カルシウム $CaCO_3$ のような塩基性の化合物を含む制酸剤が使われる。

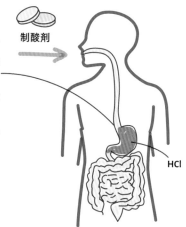

制酸剤

HCl

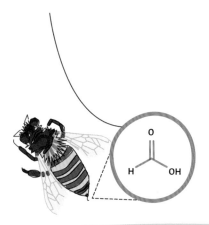

$$2HCl\ (aq) + Mg(OH)_2\ (aq) \rightarrow 2H_2O\ (l) + MgCl_2\ (aq)$$

〔訳注：赤い円の中はギ酸 HCOOH の構造を示している。有機化合物の構造を示す場合には、このように価標の交点にある C を省略することがある。〕

$$HCOOH\ (aq) + NaHCO_3\ (aq) \rightarrow NaCOOH\ (aq) + H_2O\ (l) + CO_2\ (g)$$

酸性雨

二酸化硫黄 SO_2、酸化窒素 NO、二酸化窒素 NO_2、二酸化炭素 CO_2 などの非金属酸化物は水と反応すると酸性溶液になる。これらの気体は大気汚染物質の代表的なものであり、工業プラントや自動車、火山などから排出されている。

空気中の二酸化炭素 CO_2 は雨水に溶け込むと炭酸 H_2CO_3 の弱酸性溶液になるので、大気汚染がなくても雨水のpH値はおよそ5.6程度である。大気中の汚染物質が雨水に溶け込んで強い酸性となり、pH値が5.6以下になる現象を酸性雨と呼んでいる。

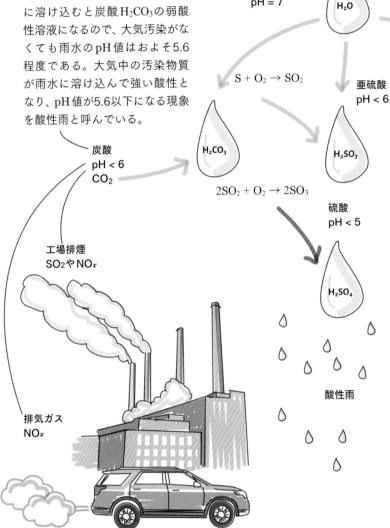

できたての雨滴
pH = 7

H_2O

硝酸や亜硝酸
$N_2 + O_2 \rightarrow 2NO$
$2NO + O_2 \rightarrow 2NO_2$

$S + O_2 \rightarrow SO_2$

亜硫酸
pH < 6

H_2SO_3

炭酸
pH < 6
CO_2

H_2CO_3

$2SO_2 + O_2 \rightarrow 2SO_3$

硫酸
pH < 5

HNO_3
HNO_2

工場排煙
SO_2やNO_x

H_2SO_4

排気ガス
NO_x

酸性雨

pHが5以下の強い酸性の雨が降ると、湖沼で生物が育たない、樹木が枯れるなど、生態系や農業、建築物などにさまざまな影響をおよぼす。アメリカ合衆国の北東部では雨水のpH値は4.2と低い。

〔訳注：環境省の発表によれば、日本の国内の雨水のpH値は2016年からの5年間の全国平均で4.89である。〕

酸性雨はこのように土壌や水資源の酸性化による重大な経済や健康、環境の問題を引き起こしている。酸性雨による被害をおさえるために、世界各地で大量の石灰 CaO が土壌、湖、河川に投入され、土壌や水中の酸性の化合物を中和している。

〔訳注：たとえば、群馬県を流れる吾妻川の上流は、草津白根山という火山からの硫酸の流出によって強い酸性になって魚も住めない状態であったため、石灰の粉末を毎日投入して川の酸性度を弱めるという中和事業が行われている。その結果、現在では農業に使える水、魚が生息する川になっている。〕

中和滴定

中和反応を使うと試料の中の酸や塩基の濃度を決定することができる。これが**中和滴定**、あるいは酸塩基滴定という定量的な化学分析の方法である。

たとえば酸性試料の濃度を測定したい場合、その試料の体積を正確に測って、数滴のpH指示薬を加えてフラスコに用意する。濃度のわかっている標準液と呼ばれる塩基性溶液を、ビュレットを使ってゆっくりと酸性試料に加える。標準液を少し滴下したらフラスコを振り混ぜて混合液の色を確認する。フラスコの中のpHの変化をデジタルpH計で監視することも多い。

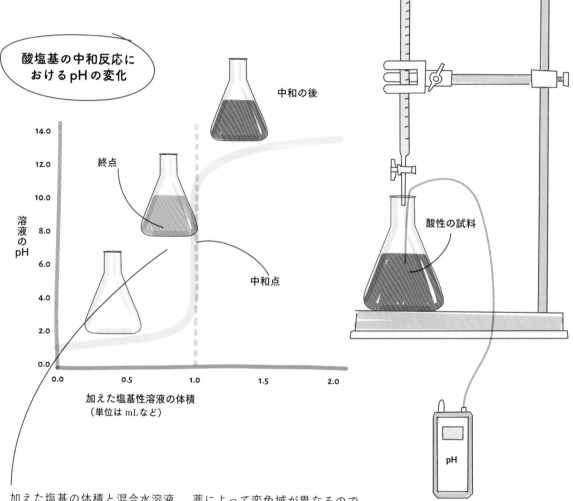

酸塩基の中和反応におけるpHの変化

中和の後

終点

溶液のpH

中和点

14.0
12.0
10.0
8.0
6.0
4.0
2.0
0.0

0.0   0.5   1.0   1.5   2.0

加えた塩基性溶液の体積
（単位は mLなど）

中和滴定装置

塩基性溶液の入ったビュレット

酸性の試料

pH

加えた塩基の体積と混合水溶液のpHの関係を示すグラフを**滴定曲線**という。加えられた塩基によってすべての酸が完全に中和されると混合水溶液を振り混ぜてもpH指示薬の色が消えなくなる。この瞬間が**終点**で、これは反応が正確に中和に達した瞬間を過ぎてわずかに塩基性の状態になった時点である。また指示薬によって変色域が異なるので適切なものを選択することも大切である。

塩基によってすべての酸が正確に中和に達した瞬間を**中和点**という。中和点では酸に含まれているオキソニウムイオンは塩基の水酸化物イオンによってすべて中和されて水になっている。

中和点までに加えられた塩基の体積から酸性試料の濃度を化学量論によって決定することができる。

緩衝液

かんしょうえき

純粋な水に少量の酸または塩基を加えると、pHの値は大きく変化する。しかし「緩衝液」と呼ばれる水溶液は、少量の酸または塩基を加えてもpHはあまり変化しない。弱酸（または弱塩基）とその塩の混合溶液は緩衝液として働く。これは生物が健全に活動するために生体組織のpH値を一定に保つという「緩衝作用」を受けもっている。149ページで紹介したように、私たちの体液のpHが一定の範囲に維持されているのも緩衝作用によるものである。

緩衝作用

炭酸H_2CO_3は弱い酸で、その塩、たとえば炭酸水素ナトリウム$NaHCO_3$と混ぜると緩衝液になる。液中には、完全に電離した炭酸水素ナトリウムによる炭酸水素イオンHCO_3^-とナトリウムイオンNa^+、および炭酸が大量にあり、炭酸の一部が電離してできた炭酸水素イオンHCO_3^-とオキソニウムイオンH_3O^+が含まれている。このH_2CO_3とHCO_3^-の対（**緩衝対**）が水溶液中にあれば、緩衝作用によって溶液のpHの変化が緩和される。炭酸が電離してできた炭酸水素イオンを、炭酸に対する**共役塩基**という。

〔訳注：$NaHCO_3$を重炭酸ナトリウム、HCO_3^-を重炭酸イオンと呼ぶこともある。〕

血液のpHは、炭酸と炭酸水素イオンとの緩衝対によって7.35と7.45の間に維持されている。血液のpHを酸性側に傾けるような原因のある状態を**アシドーシス**、塩基性側に傾けるような原因のある状態を**アルカローシス**という。血液のpH値が7.35以下、あるいは7.45以上になれば病的な状態になり、どちらの状態も気をつけなければ生命に危険が及ぶ。

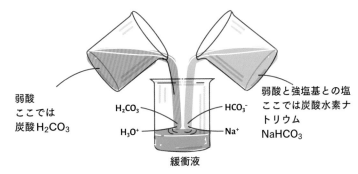

弱酸
ここでは
炭酸H_2CO_3

弱酸と強塩基との塩
ここでは炭酸水素ナトリウム
$NaHCO_3$

H_2CO_3　HCO_3^-
H_3O^+　Na^+

緩衝液

炭酸と炭酸水素イオンの緩衝対を含む溶液に酸（式(1)のH_3O^+）を少し加えると、そのH_3O^+は大量にある炭酸水素イオンと反応してもともと大量にある炭酸と水が少しずつ増える。H_3O^+は消えてpHは変わらない。また、この緩衝液に塩基（式(2)のOH^-）を少し加えるとそのOH^-は大量にある炭酸H_2CO_3と反応して、もともと大量にある炭酸水素イオンと水が少しずつ増える。OH^-は消えてやはりpHの値は変わらない。

$$H_3O^+(aq) + HCO_3^-(aq) \rightarrow H_2CO_3(aq) + H_2O(l) \cdots 式(1)$$

$$OH^-(aq) + H_2CO_3(aq) \rightarrow HCO_3^-(aq) + H_2O(l) \cdots 式(2)$$

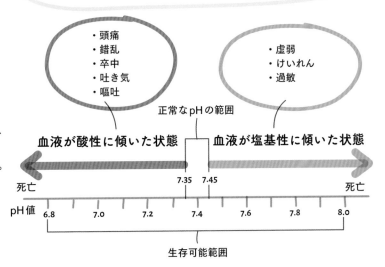

- 頭痛
- 錯乱
- 卒中
- 吐き気
- 嘔吐

- 虚弱
- けいれん
- 過敏

正常なpHの範囲

血液が酸性に傾いた状態　　**血液が塩基性に傾いた状態**

死亡　　　　　　　　　7.35　7.45　　　　　　　死亡

pH値　6.8　　7.0　　7.2　　7.4　　7.6　　7.8　　8.0

生存可能範囲

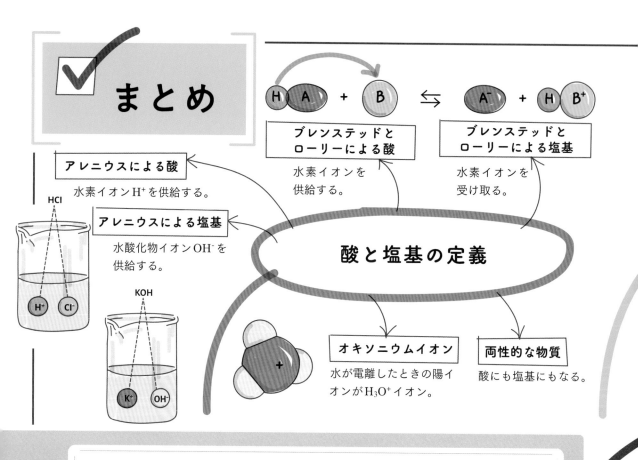

まとめ

**ブレンステッドと
ローリーによる酸**

水素イオンを
供給する。

**ブレンステッドと
ローリーによる塩基**

水素イオンを
受け取る。

アレニウスによる酸

水素イオンH^+を供給する。

アレニウスによる塩基

水酸化物イオンOH^-を
供給する。

酸と塩基の定義

オキソニウムイオン

水が電離したときの陽イオンがH_3O^+イオン。

両性的な物質

酸にも塩基にもなる。

酸と塩基

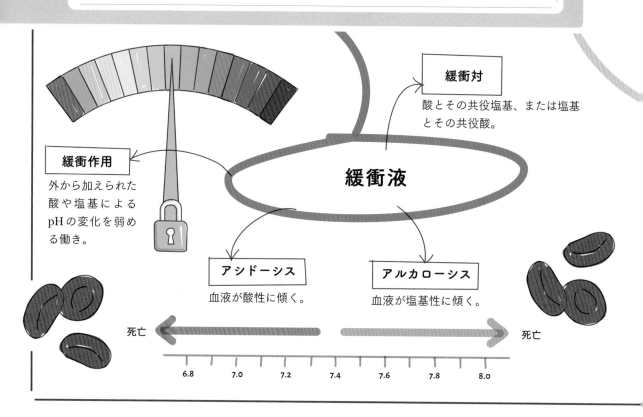

緩衝対

酸とその共役塩基、または塩基
とその共役酸。

緩衝作用

外から加えられた
酸や塩基による
pHの変化を弱め
る働き。

緩衝液

アシドーシス

血液が酸性に傾く。

アルカローシス

血液が塩基性に傾く。

死亡

死亡

6.8　7.0　7.2　7.4　7.6　7.8　8.0

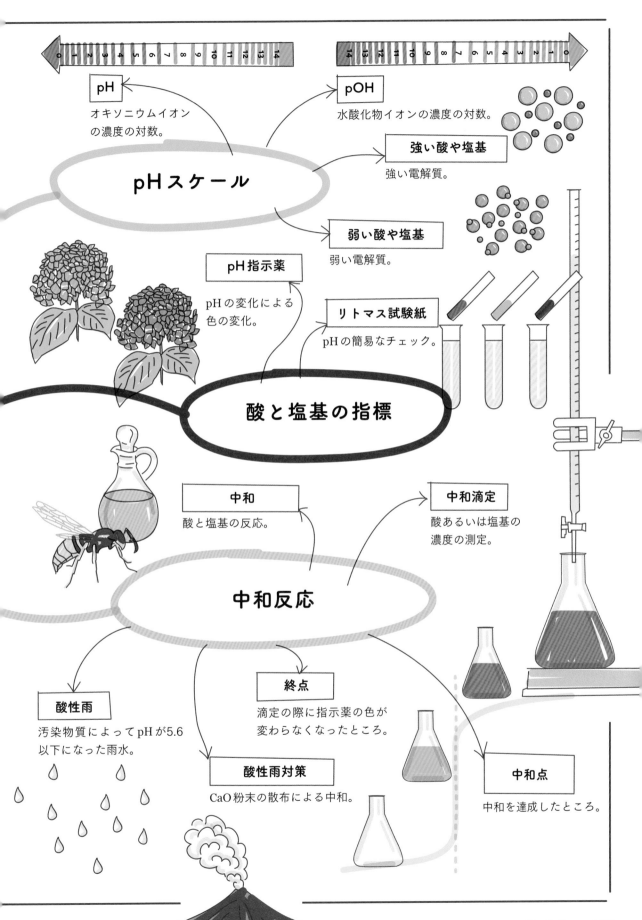

pH
オキソニウムイオン
の濃度の対数。

pOH
水酸化物イオンの濃度の対数。

pHスケール

強い酸や塩基
強い電解質。

弱い酸や塩基
弱い電解質。

pH指示薬
pHの変化による
色の変化。

リトマス試験紙
pHの簡易なチェック。

酸と塩基の指標

中和
酸と塩基の反応。

中和滴定
酸あるいは塩基の
濃度の測定。

中和反応

酸性雨
汚染物質によってpHが5.6
以下になった雨水。

終点
滴定の際に指示薬の色が
変わらなくなったところ。

酸性雨対策
CaO粉末の散布による中和。

中和点
中和を達成したところ。

熱 力 学

　熱力学（thermodynamics）という言葉は「熱」という意味のthermoと「動き」を意味するdynamicsからできている。その名のとおり熱力学は、熱と、それ以外の形のエネルギーと、そしてそれらの間の関係を扱う重要な科学の一分野である。エネルギーはあるところから別の場所へ、また、ある形から別の形へ、物理的あるいは化学的な過程の中で変化する。そのエネルギーの変化を考えるのが熱力学である。熱力学の法則は、いろいろな科学の中でも基本的で重要なものである。物質の物理的あるいは化学的な変化を、何が最終的に引き起こすのかということを説明してくれるからである。

〔訳注：125ページで触れたように0℃、1 atmの状態を標準状態と呼ぶことが一般的であるが、化学や工学の分野では25℃、1 atmの状態を「（熱力学的）標準状態」と記述することも多い。本書では25℃、1 atmで 1 mol の物質の状態には原書の standard condition にしたがって「標準条件」を使用する。
また、この章には日本の高校化学の内容よりもかなり高度で"やさしく"ない部分がある。しかし、これまでに学んだ物質の成り立ち、液体や気体の性質などはすべて熱力学にしたがっている。役に立つ化学には熱力学の定量的な理解が必要という実例を紹介する原書の姿勢を、日本語版でも尊重している。〕

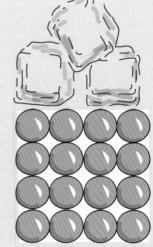

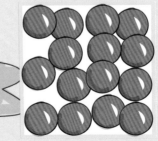

熱力学とエンタルピー

「熱力学第1法則」はエネルギーの保存に関する基本的で重要な法則である。第1法則は、宇宙全体のエネルギーは一定であって、エネルギーは物理的あるいは化学的な変化によって破壊されたり創出されたりすることはないと述べている。しかし、エネルギーの形は変化し、その位置も移動する。

熱力学的な標準条件

化学では温度298.15 K（＝25℃）、圧力 1 atm（気圧）= 1.01325× 10^5 Pa の状態を熱力学的な**標準条件**と呼ぶ。多くの物質は標準条件のもとでもっとも安定な状態にあるので、実際に利用されているさまざまな物質の文献値もこの条件のものである。〔訳注：このような文献値は、たとえば国立天文台編『理科年表』などにも掲載されている。〕

熱力学における標準条件

気体	1 atm（＝1気圧）
液体と固体	1 atm で 298.15 K
溶液	1モル濃度（= 1 mol/L）

系と外部

観察者が注目している狭い領域のことを**系**という。系とは、たとえば化学反応が起きている試験管の中であったり、テーブルの上に置かれた氷であったりする。系のすぐ外側の環境が**外部**あるいは**周囲**で、ある系とその外部は物質やエネルギーをやり取りすることもあり、そしてともに**宇宙**の一部である。

ある系の**内部エネルギー**を U と書く。U は系に含まれる分子の運動エネルギーと、結合のエネルギーなどのその他のエネルギーの合計であって、物理的あるいは化学的な変化が生じると、系と外部との間でエネルギーがやり取りされる。そのときの系の最初の内部エネルギー $U_{始状態}$ から最後の内部エネルギー $U_{終状態}$ への変化が ΔU である。

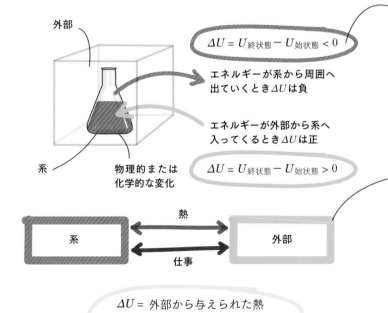

外部

$$\Delta U = U_{終状態} - U_{始状態} < 0$$

エネルギーが系から周囲へ出ていくとき ΔU は負

エネルギーが外部から系へ入ってくるとき ΔU は正

$$\Delta U = U_{終状態} - U_{始状態} > 0$$

系

物理的または化学的な変化

熱

系　　　外部

仕事

$$\Delta U = 外部から与えられた熱 + 外部から系への仕事$$

熱力学第1法則は、系とその外部との間でのエネルギーの交換は**熱**と**仕事**の形で行われると述べている。ここで仕事とは、たとえば気体が膨張して外へ向かってピストンを押す、というような力学的なエネルギーを意味している。熱と仕事はいずれも外部から系へ向かう方向を正と考える。

ΔU の値は系の最初と最後の状態だけに依存し、その変化がたどった道筋にはよらない。このような関数を**状態関数**という。

エンタルピー

化学的、あるいは物理的な過程の多くは通常の大気圧のもとで起こっている。**一定の圧力**という条件で、系とその外部との間の温度差によって生じる熱エネルギーの移動を**エンタルピー**といい、Hで表す。エンタルピーもまた状態関数であり、終状態と始状態の差をΔHと書く。このあともΔのついた量は差や変化を意味する。

熱が系から外部へ移動する反応（$\Delta H < 0$）を**発熱反応**という。系が外部から熱を受け取る場合は（$\Delta H > 0$）**吸熱反応**である。

熱が系から外部へ移動し、外部の温度が上昇

$\Delta H < 0$

熱

発熱反応

熱が外部から系へ移動し、外部の温度が低下

$\Delta H > 0$

熱

吸熱反応

$$\Delta H = H_{終状態} - H_{始状態}$$

$$4Fe\,(s) + 3O_2\,(g) \rightarrow 2Fe_2O_3\,(s) + 熱$$

系と外部の間で熱が移動する例は身近にたくさんある。たとえば携帯用カイロは発熱反応で系から外部へ熱を放出する。携帯用カイロは鉄粉Feと水と食塩を気体が通過できる小袋に封じ込めたものである。小袋を外装から取り出すと、空気中の酸素O_2が小袋に入り、鉄粉と反応してさびを生じる。

鉄がさびる際の発熱は大きいがとてもゆっくりなので、反応を促進するために水と食塩を使用する。反応が始まるとすぐにこの小袋の系は発熱して外部より温度が高くなり、放出された熱は冷たい手の方へ流れる。時間が経てばその熱はすべて外部に移って散逸し、系と外部は同じ温度になる。

標準条件での反応で発生する熱の量ΔH^0は、標準生成エンタルピーの値を使って計算できる。標準生成エンタルピーΔH_f^0の添字のfは生成formation、0は標準条件を表す。ΔH_f^0は標準条件で単体から化合物を生成する際のエンタルピーの変化の大きさという意味で、その数値は文献に掲載されている。右辺のΣは、生成物と反応物のそれぞれの物質の標準生成エンタルピーにこの反応の化学量論係数を掛けて和をとるという意味である。結果のΔH^0が正であれば吸熱反応、負であれば発熱反応である。この反応の反応物であるFeおよびO_2は単体なので、そのΔH_f^0は0、生成物のFe_2O_3のΔH_f^0は-826 kJ/molであるから、この反応による発熱量は4 molの鉄粉があれば1,652 kJであることがわかる。

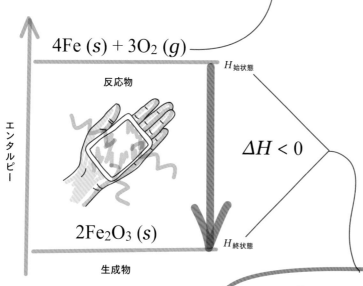

$4Fe\,(s) + 3O_2\,(g)$

$H_{始状態}$

反応物

エンタルピー

$\Delta H < 0$

$2Fe_2O_3\,(s)$

$H_{終状態}$

生成物

$$\Delta H^0 = \sum n_p \times \Delta H_f^0{}_{(生成物)} - \sum n_r \times \Delta H_f^0{}_{(反応物)}$$

n_pは生成物 products、n_rは反応物reactantsの各物質の化学量論係数

エンタルピーの測定

系と外部との間の熱の移動を測定する方法を**カロリメトリー（熱量測定）**と呼ぶ。外部の温度の変化を測定するためには温度計を使う。

水溶液中の反応では多くの場合、**定圧熱量計**でエンタルピーの変化を直接測定できる。簡単な熱量計は、断熱容器に大気圧を保つような緩いふたをして撹拌棒と温度計をつけてある。この溶液中で化学反応が起こるので、反応の前後に溶液の温度を測定すればよい。この場合は溶液が外部の働きをしていて、温度が上がれば反応は発熱反応、温度が下がれば吸熱反応である。

温度の変化ΔTは反応におけるエンタルピー変化ΔHに直接関係している。式の中のCは溶液の**比熱**で、この溶液1gの温度を1℃上昇させるのに必要な熱量を表し、単位は$J/(g \cdot K)$である。

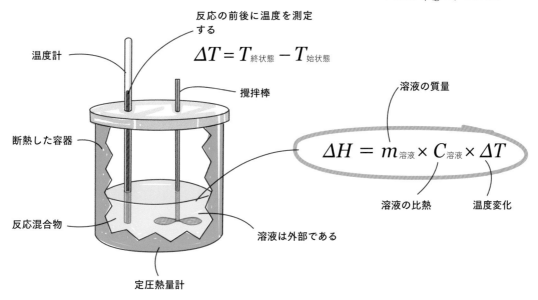

反応の前後に温度を測定する

$$\Delta T = T_{終状態} - T_{始状態}$$

温度計

撹拌棒

溶液の質量

$$\Delta H = m_{溶液} \times C_{溶液} \times \Delta T$$

断熱した容器

溶液の比熱　温度変化

反応混合物

溶液は外部である

定圧熱量計

相変化のエンタルピー

相変化に伴うエンタルピーの変化は熱量測定で簡単に求められる。融解、蒸発、昇華はすべて熱を必要とする吸熱反応であって$\Delta H > 0$である。逆に凝固、凝縮、凝華は発熱反応で$\Delta H < 0$となる。

気体の水を固体の雪に変化させるのは発熱反応であって外部へ熱を放出するので、雪ができ始めると周囲の温度は上昇する。

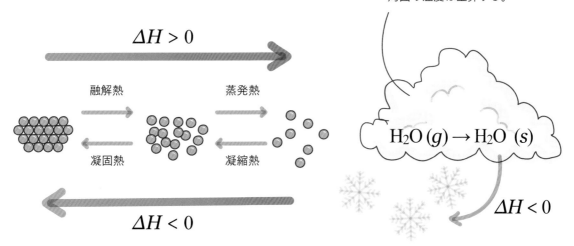

$$\Delta H > 0$$

融解熱　　　　蒸発熱

凝固熱　　　　凝縮熱

$$H_2O\,(g) \rightarrow H_2O\,(s)$$

$$\Delta H < 0$$

$$\Delta H < 0$$

熱力学とエントロピー

「熱力学第2法則」は自然界でもっとも基本的なもう1つの法則である。たとえば熱いコーヒーを放置すれば冷めるという当たり前の現象を、熱力学第2法則は「エントロピー」という言葉を使って説明する。この言葉はいろいろな場面に登場するが、熱力学ではある系の無秩序さを表す量をエントロピーという。この法則は、宇宙のエントロピーは自発的な過程では減ることはなく増大し、またエネルギーはある場所に集中するのではなく拡散する、と述べている。まずここで使われている言葉の意味を確認しよう。

自発的な変化と自発的ではない変化

氷は、周囲の温度Tが氷の融解温度よりも高ければ自然に融ける。この変化は氷から液体の水への方向であり、0℃より高温である限り逆方向の変化は起こらない。これが**自発的な変化**で、この過程はいったん始まると、外からの連続的な妨害がない限り進行する。ある方向に自発的に進行する過程は逆方向には自発的には進行しない。

液体の水の分子は氷の状態に比べて秩序が減少するので、液体分子の動きとともに運動エネルギーの大きさの分布も広がる。

$T > 0℃$ ならば
自発的に起こる

氷

水

$T > 0℃$ ならば
自発的には起こらない

自発的には
起こらない

自発的に
起こる

自然界では自発的な変化が起こっている。鉄のくぎは放っておけば自然にさびる。この化学変化の際には宇宙のエントロピーは増加し、さびたくぎが自然にもと通りになるという逆方向の変化を期待することはできない。

エントロピー

エントロピーはSと書かれ、系の中の原子やイオンや分子などの粒子の運動の自由さ、乱雑さ、あるいは無秩序の度合いを測ると定義されている。この定義によれば、気体の粒子にはとても大きな運動の自由さがあって、気体のエントロピーは液体や固体よりも大きい。言い換えれば液体は固体より無秩序で、気体は液体よりさらに無秩序な状態ということである。

固体から液体、さらに気体への相変化ではエントロピーが増加するが、逆方向の変化ではエントロピーの変化は負である。

無秩序さが少ないほどエントロピーは少ない

無秩序さが多いほどエントロピーは多い

$\Delta S > 0$の方向

$S_{固体}$　　$S_{液体}$　　$S_{気体}$

$\Delta S < 0$の方向

エントロピーと自発性

系とその外部との間のエンタルピー、すなわち熱の交換は、エントロピーに影響を与える。発熱反応では熱は系から外部へ流れ、外部の分子の無秩序さが増す。それによって外部のエントロピーが増加する。吸熱反応では逆のことが起こる。

カップに入った熱いコーヒーは、ふつうの室内に置いておけば冷める。周囲が受け取った熱はカップとコーヒーが失った熱に等しい。周囲のエントロピーの変化を調べよう。

コーヒーカップに入れたコーヒーは時間が経てば冷める。つまりカップとコーヒーの系のエンタルピーは減少する。系の温度Tが下が

れば系の中の分子の無秩序さは減って、エントロピーも減少する。エントロピーを定量的に理解するための説明は長くなるのでここでは触れないけれども、系に与えられた熱エネルギーΔqと系のエントロピーの増加ΔSとの間の$\Delta S = \Delta q / T$という関係を使うことにしよう。圧力が一定の場合には、与えられた熱エネルギーはエンタルピーの変化ΔHに

等しいので$\Delta S = \Delta H / T$となる（160ページ）。

温度の高いところから低いところへと熱エネルギーの分布が広がろうとする傾向によって、熱いコーヒーの熱はより冷たい室内へと移る。これは自然な方向で、この状況では逆はあり得ない。熱力学の第2法則は、自然に発生する過程があることによって宇宙のエントロピーは増加しなければならないと述べている。

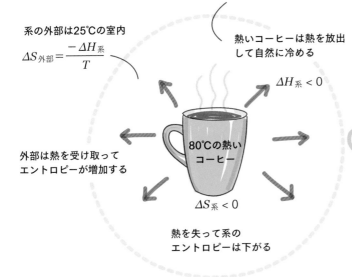

系の外部は25℃の室内

$$\Delta S_{外部} = \frac{-\Delta H_{系}}{T}$$

熱いコーヒーは熱を放出して自然に冷める

$\Delta H_{系} < 0$

80℃の熱いコーヒー

外部は熱を受け取ってエントロピーが増加する

$\Delta S_{系} < 0$

熱を失って系のエントロピーは下がる

$$\Delta S_{宇宙} = \Delta S_{系} + \Delta S_{外部}$$

$\Delta S_{宇宙} > 0$	自発的
$\Delta S_{宇宙} < 0$	非自発的
$\Delta S_{宇宙} = 0$	平衡状態

系で起こっていることが自発的であってもそうでなくても、その系のエンタルピーとエントロピーの変化だけを定量的に予測することはできない。自発性ということに意味を与えるのは、系と外部の和である宇宙全体のエントロピー変化$\Delta S_{宇宙}$である。このエントロピー変化の値は、自発的な過程に対しては正であり、非自発的な過程では負であって、平衡状態では0である。

コーヒーカップの系ではエントロピーが減少するけれども、外部の系のエントロピーの変化は$\Delta S_{宇宙} > 0$をじゅうぶんに保つ。そのため系と外部が同じ温度になるまで冷却の過程が続く。

系に化学反応が含まれているときには、反応物と生成物についての標準エントロピーS^0の文献値を

使って、標準条件での反応によるエントロピー変化ΔS^0を簡単に求められる。166ページで説明するように熱力学第3法則にしたがうと0Kのエントロピーが0なので、ある温度でのエントロピーの値を算出できる。そうして得た標準条件におけるエントロピーが標準エントロピーS^0である。

$$\Delta S^0 = \sum n_{p} \times S^0(生成物) - \sum n_{r} \times S^0(反応物)$$

ギブズの自由エネルギーと反応の自発性

宇宙のエントロピーの変化がわかれば、化学反応が自発的に起こるかどうかを予言できるが、外部のエントロピーに関する情報は簡単には得られないこともある。**ギブズの自由エネルギー**Gは系の性質だけに注目して定義されていて、化学的あるいは物理的な変化に対する自発性について予想したいときに都合がよい。この名称は化学熱力学の基礎を築いたアメリカの数理物理学者ウィラード・ギブズ（1839-1903）に因んでいる。

ギブズの自由エネルギー

ギブズの自由エネルギーの変化ΔGを使うと、化学的あるいは物理的な変化の可能性とその方向を定量的に調べられる。それは系のエンタルピーHとエントロピーSだけで定義される系の特徴であって、外部の変化に関する情報を必要としない。

ギブズの自由エネルギーの変化ΔGが負であれば、与えられた温度と圧力のもとで、過程は自発的に進行する。温度と圧力が一定である限り、ΔHとΔSのそれぞれの正負とそのときの温度によってΔGの正負が判定できて、その過程は表に示したように進行するが、変化の自発性が温度Tによって決まる場合もある。自由エネルギーの「自由」という言葉には自発的な変化の際に取り出すことができるという意味がある。

$\Delta G = 0$ならば反応は平衡状態にある。つまり、この反応は進行する方向にも逆方向にも同じ割合で自発的に起こり、結果として何も変化しない。

ΔG が負の過程は**発熱反応**、ΔG が正の過程は**吸熱反応**であり、発熱反応は自発的に進行して熱を放出するが、吸熱反応は熱が供給されなければ自発的には進行しない。生体内での反応の際などにはエネルギーを放出する過程を**発エルゴン反応**、吸収する過程を**吸エルゴン反応**と呼ぶことがある。

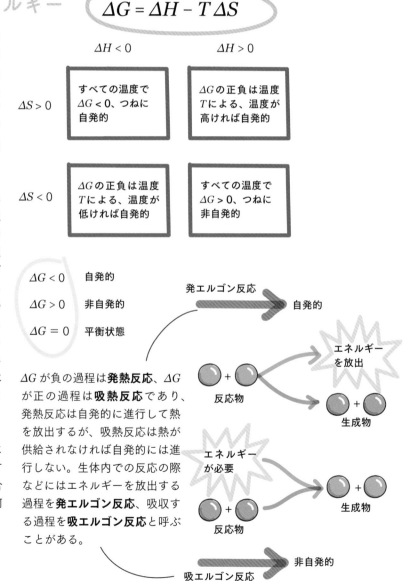

$$\Delta G = \Delta H - T \Delta S$$

	$\Delta H < 0$	$\Delta H > 0$
$\Delta S > 0$	すべての温度で$\Delta G < 0$、つねに自発的	ΔGの正負は温度Tによる、温度が高ければ自発的
$\Delta S < 0$	ΔGの正負は温度Tによる、温度が低ければ自発的	すべての温度で$\Delta G > 0$、つねに非自発的

$\Delta G < 0$　自発的

$\Delta G > 0$　非自発的

$\Delta G = 0$　平衡状態

発エルゴン反応　自発的

エネルギーを放出

反応物　生成物

エネルギーが必要

反応物　生成物

非自発的

吸エルゴン反応

冷却パック

瞬間冷却剤とも呼ばれる使い捨ての冷却パックには、可溶性のイオン結晶固体である硝酸アンモニウム NH_4NO_3 が水の袋と同じ袋に入っている。水の袋を破ると、硝酸アンモニウムは水に溶けてイオンの溶液になる。これは吸熱反応で、周囲から熱を奪うので触ると冷たく感じられる。

周囲から熱を奪うと、周囲のエントロピーが減少するが、系（ここでは冷湿布の内容物）のエントロピーは増加する。固体の化合物が水に溶けてイオンになると、運動の自由さや乱雑さがはるかに大きい無秩序な状態になるからである。周囲のエントロピーの減少よりも系のエントロピーの増加が大きくなって $\Delta G < 0$ および ΔS宇宙 > 0 を保つ。この反応は下に示すように反応の ΔH、ΔS がともに正で左ページの分類で右上のカテゴリにあてはまる。しかし使用する状態では温度が高いので $\Delta G < 0$ となって下のグラフのように進行して吸熱する。

$$NH_4NO_3\,(s) + 熱 \rightarrow NH_4^+\,(aq) + NO_3^-\,(aq)$$

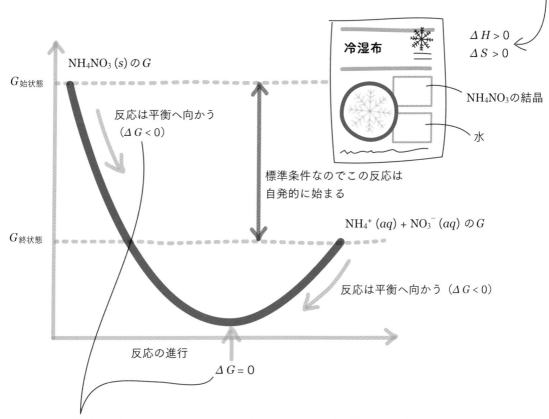

$NH_4NO_3\,(s)$ の G

G始状態

反応は平衡へ向かう（$\Delta G < 0$）

標準条件なのでこの反応は自発的に始まる

冷湿布

$\Delta H > 0$
$\Delta S > 0$

NH_4NO_3 の結晶

水

G終状態

$NH_4^+\,(aq) + NO_3^-\,(aq)$ の G

反応は平衡へ向かう（$\Delta G < 0$）

反応の進行

$\Delta G = 0$

このグラフの縦軸は冷却パックの系のギブズの自由エネルギー G、横軸は反応の進行を示す。G の変化量 ΔG が負である限り、反応は進行して平衡状態へ向かう。同時に ΔG の大きさも減少し平衡状態に達して $\Delta G = 0$ となる。

160ページと163ページの式に標準生成エンタルピーと標準エントロピーの文献値を入れると、この反応のエンタルピーとエントロピーの変化を計算でき、$\Delta H = +27$ kJ/mol、$\Delta S = +108.1$ J/mol·K となる。1気圧で 25℃（＝298 K）ならば左ページの式からこの反応の発熱量は $\Delta G = -5.2$ kJ/mol で、周囲からこれだけ吸熱することになる。これならば手早く患部を冷やす冷湿布の効果が15分から20分程度継続するので、捻挫や打撲の手当てにはじゅうぶん役に立つ。この冷却剤は外気温が−13℃以下のときには働かない。

熱力学第０法則と第３法則

熱力学の第０法則は物理的に接触している系の間での、熱の流れと熱平衡について述べている。一方で第３法則は、温度と物質のエントロピーとの関係について述べる。この２つの法則は第１法則と第２法則の考え方を補完するものである。

熱力学第０法則

熱力学の第０法則によれば、物理的に接触している２つの系の温度が異なっているときには、両方の系が同じ温度になるまで、高温の系から低温の系へ熱量が流れる。２つの系が同じ温度になって熱の移動がなくなった状態を**熱平衡**という。

温度計の実用性を理論的に保証するのが熱力学第０法則である。試料（系B）に温度計（系A）を設置すると両者の間で熱の交換が起こる。それによって温度計に使われている物質の密度が変化して、温度計の表示が変わる。温度計と試料が熱平衡になったときの

温度計の表示が試料の温度として採用される。この例のように試料の温度が大きく変わったのでは温度計として実用的ではないけれども、原理的にはこの通り。実際の温度計には試料の温度の変化を最小にしつつ、すばやく試料との熱平衡に到達するような材料が選ばれている。

熱力学第３法則

熱力学第３法則によれば絶対温度の０Kで完全な結晶状態の物質のエントロピーは０である。

エントロピーは分子の乱雑さや無秩序を定量的に表現する。物質を０Kまで冷却すると、すべての分子の運動は止まり、完全な結晶状態になる。分子の完全な配列状態のエントロピーは０である。物質の温度が上昇し始めればエントロピーは増え始める。各物質の**標準エントロピー**（あるいは標準モルエントロピー）と呼ばれる値が第３法則をもとに決定されて、文献などに掲載されている。

〔訳注：右ページの式の ln x は x の自然対数で、ln x = 2.303 log x である。$x > 1$ ならば ln x も log x も正、$x = 1$ ならば ln x = log x = 0、$x < 1$ ならば ln x も log x も負である。〕

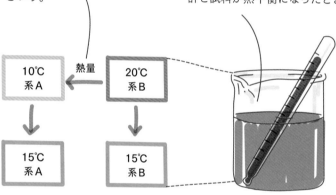

10℃ 系A	← 熱量	20℃ 系B

| 15℃
系A | | 15℃
系B |

エントロピーと温度

温度が低下 →

$T > 0 K$
$S > 0$

$T = 0 K$
$S = 0$

平衡状態の熱力学

外部から何もしなければ、すべての自発的な反応は平衡状態に向かう。反応物質が標準条件にはないことはよくあるけれども、それでもギブズの自由エネルギーの変化量ΔGは決められる。ギブズの自由エネルギーは化学反応の平衡状態に関する熱力学的な情報も提供する。

ギブズの自由エネルギーと平衡状態

標準条件ではない場合にはΔGを決めるために**反応比**Q（136ページ）を使う。Qを使った自由エネルギーの変化は式(1)で表現される。ここでもGの右上の0は標準条件という意味、右辺第2項は反応が進むことによる系のエントロピーの変化から導かれるがここではその詳細には触れない。

最初にほとんどが反応物であればQの値は極めて小さく、式(1)の第2項は負の大きな値になる。この反応に関するΔG^0の正負にはよらずに反応は下の左のグラフのように生成物を増やす方向へ自発的に進行する。逆に最初にほとんどが生成物であればQは極めて大きく、式(1)の第2項は正の大き

な値になって、右のグラフのように逆反応が自発的に進行する。反応は反応物と生成物の混合物のΔGが0になる方向に進行し、$\Delta G = 0$で$Q = K$となって平衡に達する。Kが大きければ平衡状態では生成物が多く、逆にKが小さければ平衡状態では反応物が多く残る。

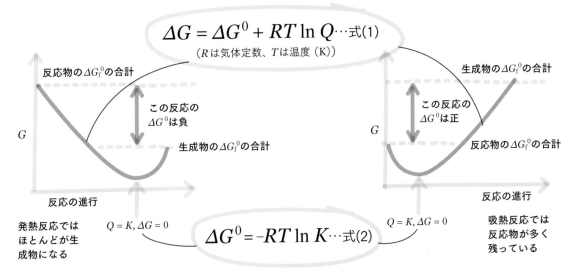

$$\Delta G = \Delta G^0 + RT \ln Q \cdots 式(1)$$
（Rは気体定数、Tは温度（K））

反応物のΔG_f^0の合計

この反応の
ΔG^0は負

生成物のΔG_f^0の合計

G

反応の進行

発熱反応ではほとんどが生成物になる

$Q = K, \Delta G = 0$

$$\Delta G^0 = -RT \ln K \cdots 式(2)$$

生成物のΔG_f^0の合計

この反応の
ΔG^0は正

反応物のΔG_f^0の合計

G

反応の進行

$Q = K, \Delta G = 0$

吸熱反応では反応物が多く残っている

上のグラフの縦軸はGの変化、横軸は反応物に対する生成物の割合、グラフの傾きはΔGに対応する。反応が自発的に進行して平衡に達すると$Q = K$、$\Delta G = 0$になり、式(2)が成り立つ。$K \gg 1$ならば平衡点は生成物の方にずっと

近く、式(2)から$\Delta G^0 < 0$なので164ページの分類の左上のカテゴリにあたり、発熱反応が自発的に進行する。$K \ll 1$ならば平衡点は反応物の方にずっと近く、式(2)から$\Delta G^0 > 0$で同じ分類の右下のカテゴリで、この反応は外から

エネルギーを供給しなければ平衡点より右向きには自発的には進行しない。

左の式の左辺は、すべての物質が標準条件のときの反応のΔGで、各物質の標準生成ギブズエネルギーΔG_f^0の文献値を使って計算できる。この結果と式(2)を使えばこの反応の平衡定数Kを知ることができる。

$$\Delta G^0 = \sum n_p \times \Delta G_f^0 (生成物) - \sum n_r \times \Delta G_f^0 (反応物)$$

まとめ

状態関数

経路にはよらず始状態と終状態で決まる。

エンタルピー

熱エネルギー。

U

内部エネルギー

系に含まれる全エネルギー。

外部または周囲

系を取り巻く外側の空間。

熱力学とエンタルピー

①

熱力学第1法則

系

注目している対象や過程。

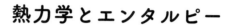

熱力学

平衡状態の熱力学

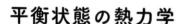

ギブズの自由エネルギーと平衡状態

化学反応が平衡状態にあれば $\Delta G = 0$。

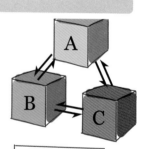

第0法則

AとB、BとCがそれぞれ熱平衡ならばAとCも熱平衡にある。

熱力学の第0法則と第3法則

第3法則

標準エントロピーの決定。

③

熱力学の第3法則

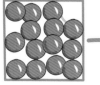 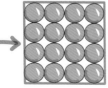

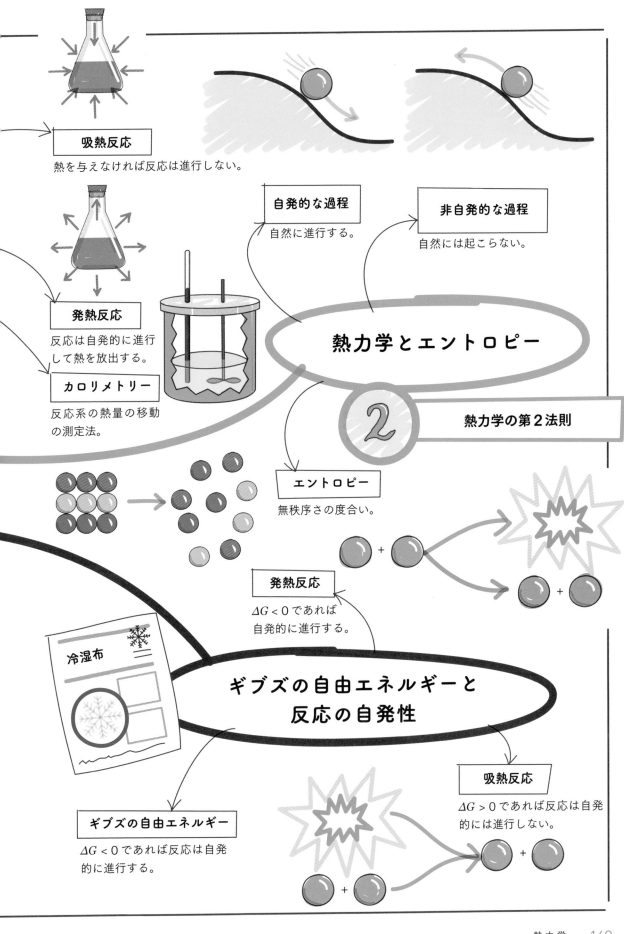

吸熱反応

熱を与えなければ反応は進行しない。

発熱反応

反応は自発的に進行して熱を放出する。

カロリメトリー

反応系の熱量の移動の測定法。

自発的な過程

自然に進行する。

非自発的な過程

自然には起こらない。

熱力学とエントロピー

② **熱力学の第2法則**

エントロピー

無秩序さの度合い。

発熱反応

$\Delta G < 0$であれば自発的に進行する。

冷湿布

ギブズの自由エネルギーと反応の自発性

吸熱反応

$\Delta G > 0$であれば反応は自発的には進行しない。

ギブズの自由エネルギー

$\Delta G < 0$であれば反応は自発的に進行する。

電気化学

　電極と電解質溶液が触れるところで起こる化学反応を調べて、電気のエネルギーと化学変化の関係を説明するのが電気化学である。電子が移動することによる酸化還元反応もその1つ。主な観点は2つあり、自発的な化学反応を利用して電気を取り出すことと、電気を利用して自発的ではない化学変化を起こすことである。どちらの場合も、系とその周囲との仕事、すなわち電力の交換が焦点である。

〔訳注：乾電池の電極は正（プラス）極と負（マイナス）極と呼ばれているが、電気化学における電極の名称は、外部回路に向かって電子が出ていく電極がアノード、外部回路から電子が入ってくる電極がカソードである。電流の方向は電子の流れとは逆なので、電池の正極はカソード、負極はアノードである。電解槽（178ページ）ではカソードを陰極、アノードを陽極と呼ぶが、本章では電極の名称には原則としてアノード、カソードを使う。〕

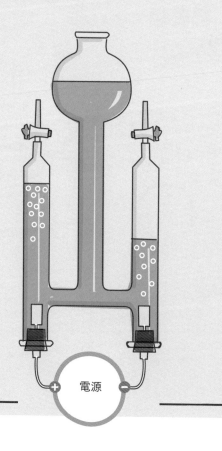

電源

動く電子

電荷が動くと電流が発生する。電線のような物質中では電子が移動して電流となり、電解質溶液の中ではイオンが動いて電流になっている。酸化還元反応では、電子親和力の弱い物質から強い物質へという電子の移動も起こって電流になっている。

酸化還元反応

酸化還元反応では、電子親和力の弱い物質は電子を失って**酸化**され、電子親和力の強い物質はその電子を受け取って**還元**される。

電子をやり取りする2つの物質が直接接触しているときには、酸化還元反応によって一方の物質が放出した電子をもう一方の物質が吸収するので、電子は素早く移動し、途中で電力を発生することはない。しかし、酸化される物質と還元される物質が離れていて、電子を動かして酸化還元反応を起こすために途中を電線でつなぐことが必要ならば、その電線を利用して外部に電流を取り出すことができる。

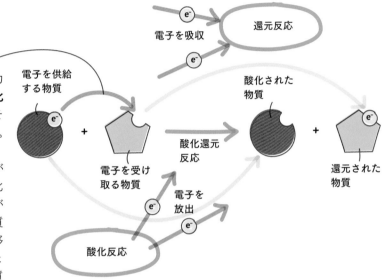

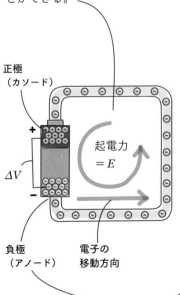

電流

電流の単位はA（アンペア）で、1秒間に流れる電荷の量をC（クーロン）で測ったもので定義している。Aはフランスの物理学者アンペール（1775-1836）、Cはフランスの物理学者クーロン（1736-1806）に因んだ単位で、この電荷の単位を使うと電子1個は-1.6×10^{-19} Cである。1Aの電流ならば1秒間に1Cすなわち6.242×10^{18}個の電子が流れることになる。

電池内部では酸化還元反応が起こり、2つの**電極**を導線でつなぐと酸化電極から還元電極へ電子が導線中を移動する。途中に電球をつなげば点灯する。酸化反応が起こって電子が導線へ出ていく電極が負極の**アノード**、還元反応が起こ

って導線から電子が入ってくる電極が正極の**カソード**である。

電極のもつエネルギーを電位といい、単位はV（ボルト）で2つの電極間の**電位差**ΔVによって電子は移動する。つまり、この電位差がカソードからアノードへ電流を流そうとする力を発生させている。この力のことを**起電力**と呼び、その単位はやはりVである。Vはイタリアの物理学者ボルタ（1745-1827）に因んでいる。

電気化学ではこの起電力を**電池電位**といい、Eで表す。電子は導線中をアノードからカソードへ移動するので、直流の電流が逆方向に流れる。

化学電池

化学電池（ガルバーニ電池ともいう、用語集参照）は、自発的に起こる酸化還元反応によって化学エネルギーを電気エネルギーに変えて電流を得る。化学電池には酸化反応が起こる部分と還元反応が起こる部分があって、その配置が電池の働きの基本になっている。ちなみに化学電池に対して物理電池と呼ばれるものもあり、光のエネルギーを利用する太陽電池もその一つ。

化学電池の構成

化学電池の一例としてダニエル電池を説明しよう。これは1836年にイギリスの化学者ダニエル（1790-1845）が、それより以前にボルタが発明した電池の反応が持続するように改良したものである。金属の亜鉛Znのアノード電極と、金属の電解質溶液である薄い硫酸亜鉛$ZnSO_4$の水溶液が接触するところで、酸化反応が起こっている。装置の配置図ではアノードを左側にすることが多い。

金属の銅Cuのカソード電極と、濃い硫酸銅（II）$CuSO_4$の水溶液が接触するところで、還元反応が起こる。

電子はアノードから導線でつながれたカソードへ向かって移動し、還元反応が自発的に進行するように必要な電子が供給されることになる。

アノードとカソードの電位の差によって、電子は移動して電流になる。発生する電流の大きさは電子が流れているときの電位の差、つまり起電力で決まる。化学電池では正の電池電位Eが発生する。アノード側とカソード側のそれぞれの電極と電解質溶液の構成を**半電池**、その反応を**半反応**という。

この酸化還元反応は自発的に進行する。左側の酸化過程でZnが電子を放出してZn^{2+}イオンが溶け出し、右側の還元過程では電子を受け取ったCu^{2+}イオンがCuとなって電極に析出する。

2つの電解液の槽を**塩橋**でつないで、電解液が混ざることを防ぎつつイオンを通すことによって、2つの槽を電気的に閉じた回路にしている。塩橋は KCl や KNO_3 などを寒天とともに管に詰めたもので、アノード側にZn^{2+}イオン、カソード側にSO_4^{2-}イオンがたまることを防いで自発的な酸化還元反応を継続させている。

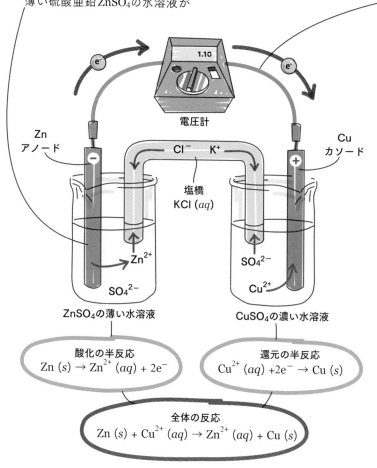

電圧計

Zn
アノード

Cu
カソード

Cl^-　K^+

塩橋
KCl (aq)

Zn^{2+}

SO_4^{2-}

SO_4^{2-}

Cu^{2+}

ZnSO$_4$の薄い水溶液

CuSO$_4$の濃い水溶液

酸化の半反応
$Zn\ (s) \rightarrow Zn^{2+}\ (aq) + 2e^-$

還元の半反応
$Cu^{2+}\ (aq) + 2e^- \rightarrow Cu\ (s)$

全体の反応
$Zn\ (s) + Cu^{2+}\ (aq) \rightarrow Zn^{2+}\ (aq) + Cu\ (s)$

標準電池電位

化学電池を標準条件で作動させるときには、すべての反応物と生成物は標準条件にある。つまり温度は25℃、すべての水溶液は濃度が1.0 mol/L、すべての気体は1 atmである。このときの電池電位を**標準電池電位**E^0_{cell}と呼ぶ。

電池電位は、反応物が自発的に酸化反応や還元反応を行う傾向の強さで決まる。電子親和力が高い物質と電子親和力の低い物質を組み合わせると、正の大きな電池電位が発生する。電池電位が大きくなれば、還元反応も自発的に起こりやすい。

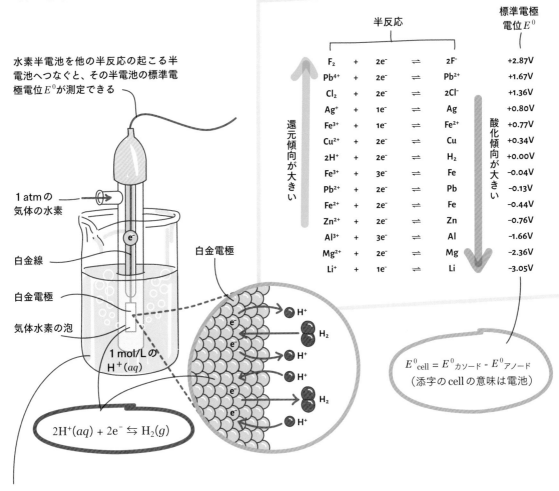

水素半電池を他の半反応の起こる半電池へつなぐと、その半電池の標準電極電位E^0が測定できる

1 atmの気体の水素

白金線

白金電極

気体水素の泡

1 mol/Lの$H^+(aq)$

白金電極

$$2H^+(aq) + 2e^- \leftrightarrows H_2(g)$$

半反応 / 標準電極電位E^0

半反応					標準電極電位E^0
F_2	$+$	$2e^-$	$\rightleftharpoons$	$2F^-$	+2.87V
Pb^{4+}	$+$	$2e^-$	$\rightleftharpoons$	Pb^{2+}	+1.67V
Cl_2	$+$	$2e^-$	$\rightleftharpoons$	$2Cl^-$	+1.36V
Ag^+	$+$	$1e^-$	$\rightleftharpoons$	Ag	+0.80V
Fe^{3+}	$+$	$1e^-$	$\rightleftharpoons$	Fe^{2+}	+0.77V
Cu^{2+}	$+$	$2e^-$	$\rightleftharpoons$	Cu	+0.34V
$2H^+$	$+$	$2e^-$	$\rightleftharpoons$	H_2	+0.00V
Fe^{3+}	$+$	$3e^-$	$\rightleftharpoons$	Fe	−0.04V
Pb^{2+}	$+$	$2e^-$	$\rightleftharpoons$	Pb	−0.13V
Fe^{2+}	$+$	$2e^-$	$\rightleftharpoons$	Fe	−0.44V
Zn^{2+}	$+$	$2e^-$	$\rightleftharpoons$	Zn	−0.76V
Al^{3+}	$+$	$3e^-$	$\rightleftharpoons$	Al	−1.66V
Mg^{2+}	$+$	$2e^-$	$\rightleftharpoons$	Mg	−2.36V
Li^+	$+$	$1e^-$	$\rightleftharpoons$	Li	−3.05V

還元傾向が大きい

酸化傾向が大きい

$$E^0_{cell} = E^0_{カソード} - E^0_{アノード}$$
（添字の cell の意味は電池）

標準条件のもとでのアノードとカソードにはそれぞれの**標準電極電位**E^0があって、どの程度の強さの酸化、または還元の半反応が自発的に起こるかがわかる。カソードとアノードの標準電極電位の差が、右上の式で書かれる標準電池電位である。

標準水素電極（SHE）は1 mol/LのHClなどの強酸の溶液に浸された白金電極で、温度によらず

SHEの標準電極電位を0.0 Vと決める。さまざまな電極について、SHEを基準にして測定した標準電極電位が上の表である。この表からダニエル電池の起電力がおよそ1.10 Vであることがわかる。

SHEに比べて標準電極電位が高い金属はカソードになって還元半反応を起こしやすく、そのときにSHEでは、イラスト円内の上半分に示すように気体のH_2が電子

を放出して白金電極はアノードとなる。SHEに比べて標準電極電位が低い金属はアノードになって酸化半反応を起こしやすく、そのときにSHEでは、イラスト円内の下半分に示すように水素イオンは還元されて気体のH_2になり、白金電極はカソードとなる。標準電極電位の低い金属ほど陽イオンになる傾向が強く、この性質を**イオン化傾向**が大きいという。

ギブズの自由エネルギーと電気化学

化学電池は、自発的な酸化還元反応を利用して正の電池電位を発生させ、電流を流すように設計されている。電池電位はギブズの自由エネルギーΔGによる自発性の基準と関係がある。

標準条件での電池の働き

$\Delta G^0 < 0$である限り、標準条件のもとでは自発的に反応が進んで正の電池電位が発生する。電位とは1C（クーロン）の電荷を基準点からあるところまで動かすのに必要なエネルギーと定義されている。電池電位E^0_{cell}で発生するエネルギーは移動する電荷の大きさとこの電位差の積となる。1モルの電子の電荷の絶対値をCで表したものを**ファラデー定数F**というので、これを使うとnモルの

電子に対するギブズの自由エネルギーΔG^0は下の左の式になる。

167ページで説明したように、気体定数Rと絶対温度Tを使うと、ギブズの自由エネルギーΔG^0は、標準条件のもとでの酸化還元反応の平衡定数Kとこの式で関係づけられる。

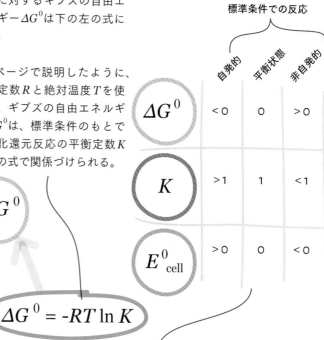

標準条件での反応

	自発的	平衡状態	非自発的
ΔG^0	< 0	0	> 0
K	> 1	1	< 1
E^0_{cell}	> 0	0	< 0

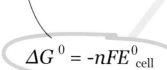

$$\Delta G^0 = -nFE^0_{\text{cell}}$$

$$\Delta G^0 = -RT \ln K$$

E^0_{cell}、ΔG^0、Kの間の関係式から、化学電池による電流の発生が自発的に進行するための条件がわかる。

日常使われているふつうの電池は電流を発生する化学電池である。$\Delta G^0 < 0$で$E^0_{\text{cell}} > 0$の電池が、酸化還元反応が平衡に達するまで働き続けるというのが放電現象である。充電可能な電池ならば、酸化還元反応を逆に進めて充電すれば元の状態に戻って、電池は再び働く。

$$E^0_{\text{cell}} = \frac{RT}{nF} \ln K$$

気体定数
$R = 8.314$ J/(mol·K)

酸化還元に関与する
電子のモル数

ファラデー定数
$F = 96{,}485$ C/mol

上の2つの式から、化学電池で発生する電池電位E^0_{cell}と電池の中での酸化還元反応の平衡定数Kとの関係はこのようになる。

溶液の濃度が非標準条件のときの電池の働き

亜鉛と銅を電極とする172ページと同じダニエル電池の標準条件での標準電池電位は、+0.34 V − (−0.76 V) = 1.10 V である。しか

し、電解質溶液の濃度をアノードで 0.01 mol/L、カソードで 2.0 mol/L にして測定すると**電池電位**は1.17 V になる。

溶液濃度が標準条件ではないとき、化学電池の自発的な酸化還元反応のギブズの自由エネルギー ΔG の式は167ページの式(1)と同じ形である。この Q は非標準条件のときの酸化還元反応の反応比である。

$$\Delta G = \Delta G^0 + RT \ln Q \cdots 式(1)$$

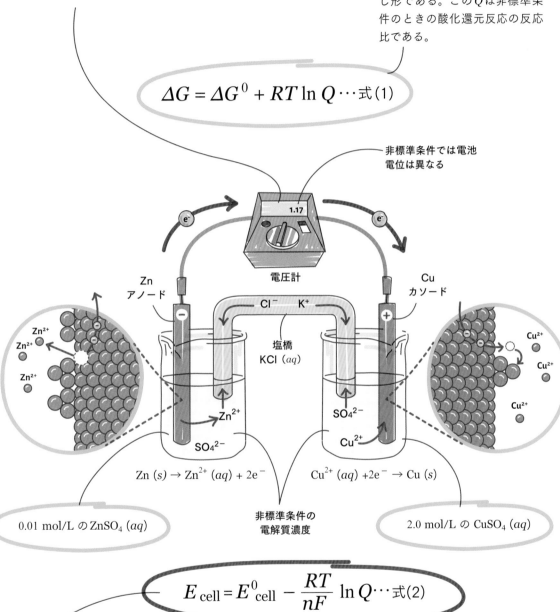

非標準条件では電池電位は異なる

e⁻ 1.17 e⁻

電圧計

Zn アノード

Cl⁻ K⁺

Cu カソード

塩橋 KCl (aq)

Zn²⁺

SO₄²⁻ Zn²⁺

SO₄²⁻ Cu²⁺

Cu²⁺

Cu²⁺ Cu²⁺ Cu²⁺

Zn²⁺ Zn²⁺ Zn²⁺

$Zn\ (s) \rightarrow Zn^{2+}\ (aq) + 2e^-$ $Cu^{2+}\ (aq) + 2e^- \rightarrow Cu\ (s)$

0.01 mol/L の ZnSO₄ (aq)

非標準条件の電解質濃度

2.0 mol/L の CuSO₄ (aq)

$$E_{\text{cell}} = E^0_{\text{cell}} - \frac{RT}{nF} \ln Q \cdots 式(2)$$

ギブズの自由エネルギーと電池電位の関係 $\Delta G = -nFE_{\text{cell}}$ を使って式(1)を書き直すと式(2)になり、これを**ネルンストの式**という。上の非標準条件の例について、標準電池電位1.10 V と反応比 $Q =$

0.01/2.0、$n = 2$ を使ってこの式を計算すると25℃のときの電池電位 E_{cell} は1.17 V となる。こうして電解液の濃度の変化が電池電位に与える影響はネルンストの式で計算できる。

化学電池では、$\Delta G < 0$ である限り酸化還元反応は自発的に進行して $E_{\text{cell}} > 0$ であり、平衡状態に達して $\Delta G = 0$ になるまで働き続ける。

いろいろな電池の原理

電池は自発的な酸化還元反応で電気を発生するばかりではなく、電気を蓄えることもある。化学電池の原理で2つの電極を配置した小型の電池は、使用中は電気を発生するだけである。一方で、異なる原理で働く燃料電池には酸化還元反応の反応物を継続的に供給しなければならない。これらの電池はどちらも化学エネルギーを電気エネルギーに変換するけれども、蓄えることはできない。

小型の乾電池

一般的な小型の電池には2種類ある。すなわち使い切りの**一次電池**と、充電可能で繰り返し使える**二次電池**である。

アルカリ
電池

使い切りタイプのもっとも一般的な電池は、電解質として塩基性の水酸化カリウム KOH が使われているので、アルカリ電池と呼ばれている。このタイプの電池は、使用後には強い塩基が環境に漏れ出さないように気をつけて回収する必要がある。

アルカリ電池の外側の亜鉛 Zn は負極として働き、正極は二酸化マンガン MnO_2 と塩基性の水酸化カリウム KOH を含む電解質に浸された炭素の棒である。同じ電極材料で電解質に塩化亜鉛 ZnCl を使ったマンガン電池に対して、これはアルカリマンガン電池と呼ばれている。

$$2MnO_2\,(s) + 2H_2O\,(l) + 2e^- \rightarrow 2MnO(OH)\,(s) + 2OH^-\,(aq)$$

正極に流れ込んだ電子を使って MnO_2 が還元される。

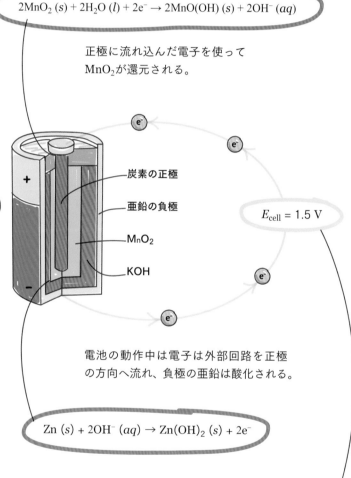

炭素の正極
亜鉛の負極
MnO_2
KOH

$E_{cell} = 1.5\ \mathrm{V}$

電池の動作中は電子は外部回路を正極の方向へ流れ、負極の亜鉛は酸化される。

$$Zn\,(s) + 2OH^-\,(aq) \rightarrow Zn(OH)_2\,(s) + 2e^-$$

典型的なマンガン電池やアルカリマンガン電池は電極にイオンの供給が続く限り 1.5 V の電池電位が発生し続ける一次電池である。アルカリマンガン電池はマンガン電池に比べて大きな電流が取り出せるので広く使われるようになった。

燃料電池の原理

燃料電池もこれまでの電池と同じように酸化還元反応で電気を発生しているけれども、反応物を絶えず供給しなければならない。もっともよく使われている燃料電池はNASAのスペースシャトルにも使われた水素燃料電池である。

水素燃料電池では水素が酸化されてH$^+$となり、電子を発生してアノードからカソードへ向けて送り出す。アノードの表面に白金を塗ると酸化反応の速度をあげる触媒として働く。

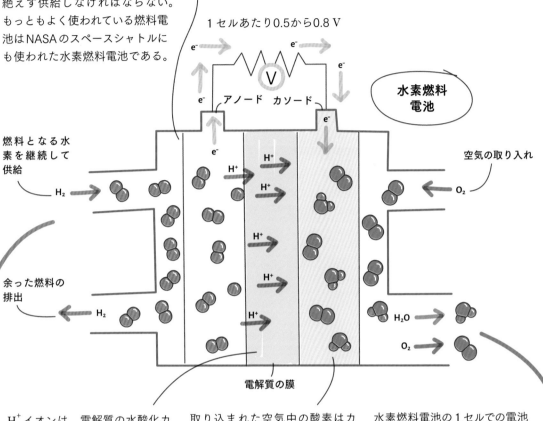

1セルあたり0.5から0.8 V

水素燃料電池

燃料となる水素を継続して供給

空気の取り入れ

余った燃料の排出

電解質の膜

H$^+$イオンは、電解質の水酸化カリウムKOHの水溶液を通過してカソードへ拡散する。

取り込まれた空気中の酸素はカソードでH$^+$イオンと電子と反応して水になる。

水素燃料電池の1セルでの電池電位は0.5から0.8 Vなので、必要な出力を得るために積層して使用する。

$$H_2\,(g) \rightarrow 2H^+\,(aq) + 2e^-$$

$$\frac{1}{2}O_2(g) + 2H^+\,(aq) + 2e^- \rightarrow H_2O\,(l)$$

$$2H_2\,(g) + O_2(g) \rightarrow 2H_2O\,(l)$$

燃料電池の酸化還元反応では生成物として最終的に水ができる。スペースシャトルの宇宙飛行士たちはこの水を飲用にしていた。

現在の運輸や家庭で使われている従来の電力供給の方法は、いつかは水素燃料電池に置き換わるであろう。しかし、水素燃料電池を広く商用に使用するにはいつで

も使える水素の供給源と安価な触媒材料の開発が不可欠である。

電気分解

化学電池では自発的な反応によって電気が発生している。電解質の水溶液（電解液）の槽に外部から直流電流を供給して、自発的には起こらない酸化還元反応を起こさせる過程を「電気分解（または電解）」という。

非自発的な反応の駆動

カドミウムCdをアノードに、銅Cuをカソードにして電池を作る。Cdの標準電極電位は-0.40 V、Cu^{2+}では+0.34 Vなので、この電池は標準条件では0.74 Vを発生する。Cdが酸化される酸化還元反応は全体としては $\Delta G^0 < 0$ で自発的に進行するからである。標準条件では逆の反応は起こらない。

ここで外部の電源を利用してCdとCuの電池に0.74 V以上の大きさで逆方向に電流を流すと、非自発的な反応が進行するようになる。このような装置を**電解槽**という。

化学電池のアノードは電解槽ではカソードになり、Cuがアノードとなって酸化され、Cdがカソードとなって還元される。電子は自発的に発生したのではなく、この配置でCdのカソードへ外から供給される。電解槽では外部から電流が供給されるので槽内の電子の流れは逆になる。

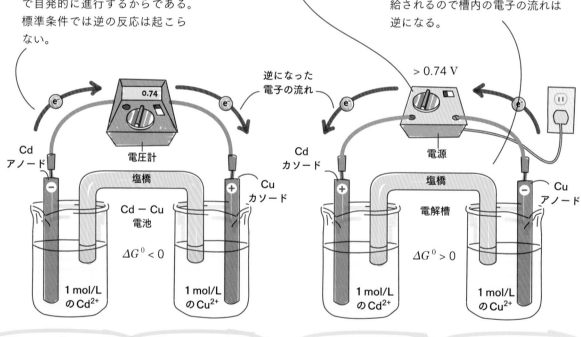

$$Cd\ (s) \rightarrow Cd^{2+}\ (aq) + 2e^-$$ $$Cu^{2+}\ (aq) + 2e^- \rightarrow Cu\ (s)$$

$$Cd\ (s) + Cu^{2+}\ (aq) \rightarrow Cd^{2+}\ (aq) + Cu\ (s)$$

$$Cd^{2+}\ (aq) + 2e^- \rightarrow Cd\ (s)$$ $$Cu\ (s) \rightarrow Cu^{2+}\ (aq) + 2e^-$$

$$Cu^{2+}\ (aq) + Cu\ (s) \rightarrow Cd\ (s) + Cu^{2+}\ (aq)$$

電解槽の用途の例は、銅鉱石から得られた粗銅を電力を使って純度の高い銅にする電解精錬である。粗銅をアノード（陽極）、純銅をカソード（陰極）にして硫酸銅(II)水溶液を電解液にすると、粗銅中の銅よりもイオン化傾向の大きな亜鉛や鉄などの不純物はイオンのまま溶液中に残り、銅だけが陰極に析出して銅の純度が上がる。

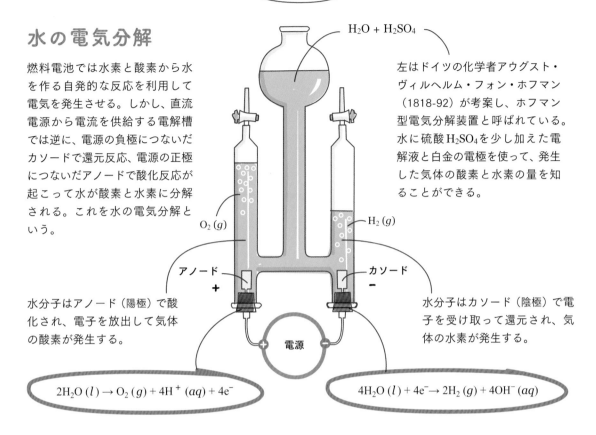

水の電気分解

燃料電池では水素と酸素から水を作る自発的な反応を利用して電気を発生させる。しかし、直流電源から電流を供給する電解槽では逆に、電源の負極につないだカソードで還元反応、電源の正極につないだアノードで酸化反応が起こって水が酸素と水素に分解される。これを水の電気分解という。

電気分解の装置

H₂O + H₂SO₄

左はドイツの化学者アウグスト・ヴィルヘルム・フォン・ホフマン（1818-92）が考案し、ホフマン型電気分解装置と呼ばれている。水に硫酸 H_2SO_4 を少し加えた電解液と白金の電極を使って、発生した気体の酸素と水素の量を知ることができる。

$O_2(g)$

$H_2(g)$

アノード
+

カソード
−

電源

水分子はアノード（陽極）で酸化され、電子を放出して気体の酸素が発生する。

水分子はカソード（陰極）で電子を受け取って還元され、気体の水素が発生する。

$$2H_2O\,(l) \rightarrow O_2\,(g) + 4H^+\,(aq) + 4e^-$$

$$4H_2O\,(l) + 4e^- \rightarrow 2H_2\,(g) + 4OH^-\,(aq)$$

電気によるめっき

電気分解の産業への重要な応用の1つは電気めっきである。金属などの表面を別の金属で薄い膜のように覆うことをめっきといい、腐食の防止などに使われる。この過程は自発的には起こらない。

電解槽の中で、水溶液中の銀イオン Ag^+ がスプーンのような金属の物体にめっきされる。

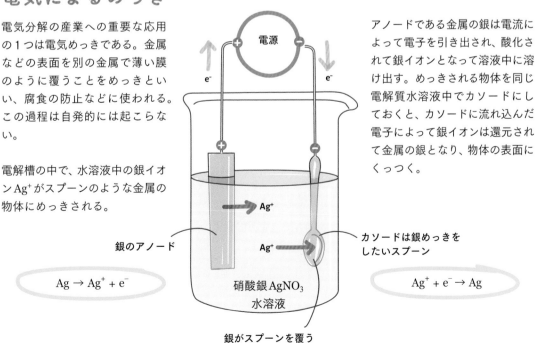

電源

e^-

e^-

Ag^+

Ag^+

銀のアノード

アノードである金属の銀は電流によって電子を引き出され、酸化されて銀イオンとなって溶液中に溶け出す。めっきされる物体を同じ電解質水溶液中でカソードにしておくと、カソードに流れ込んだ電子によって銀イオンは還元されて金属の銀となり、物体の表面にくっつく。

カソードは銀めっきをしたいスプーン

硝酸銀 $AgNO_3$
水溶液

銀がスプーンを覆う

$$Ag \rightarrow Ag^+ + e^-$$

$$Ag^+ + e^- \rightarrow Ag$$

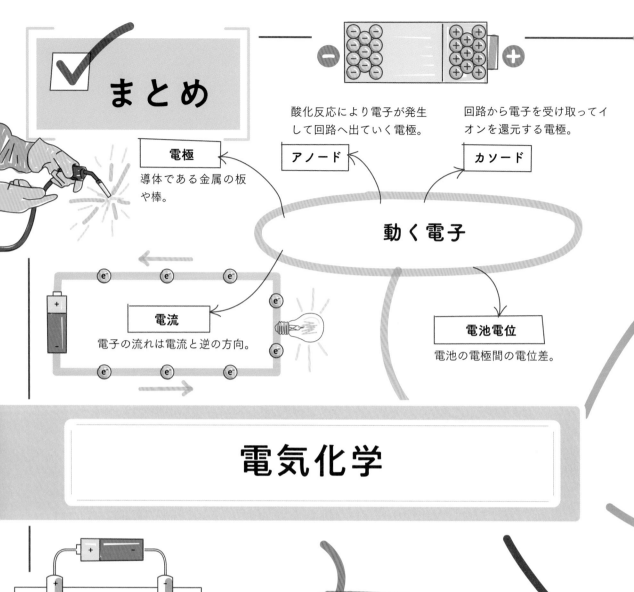

まとめ

電極
導体である金属の板や棒。

酸化反応により電子が発生して回路へ出ていく電極。

アノード

回路から電子を受け取ってイオンを還元する電極。

カソード

動く電子

電流
電子の流れは電流と逆の方向。

電池電位
電池の電極間の電位差。

電気化学

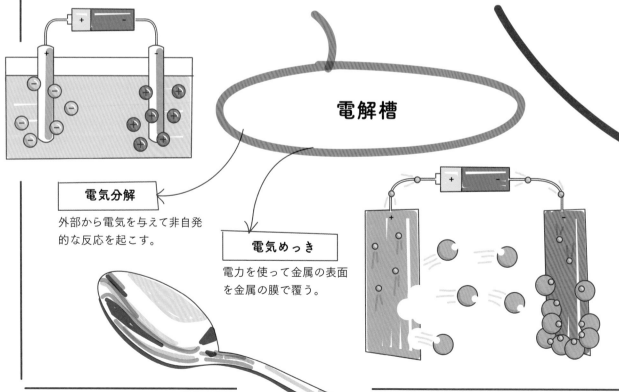

電解槽

電気分解
外部から電気を与えて非自発的な反応を起こす。

電気めっき
電力を使って金属の表面を金属の膜で覆う。

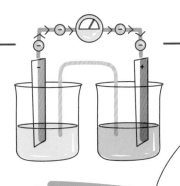

化学電池の構造

アノードとカソードを
2つの電解液の槽に配
置する。

塩橋

両極の電解液が混ざらないように
しつつ閉じた回路を構成する。

化学電池

標準電池電位

2つの半電池を標準条件のも
とで組み合わせた電池の電極
間に発生する電位差。

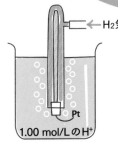

← H₂気体

Pt

1.00 mol/L の H⁺

標準水素電極 SHE

白金電極の半電池の電極電
位を0とする。

標準電極電位

標準条件のもとで動作している標準
水素電極に対して発生する電位差。

ネルンストの式

非標準条件での化学電池の
電極電位を表す右の式。

$$E_{cell} = E^0_{cell} - \frac{RT}{nF} \ln Q$$

ファラデー定数

1 mol の電子の電荷量の絶対値
= 96,485 C/mol。

ギブズの自由エネルギーと電気化学

一次電池

酸化還元反応を逆転で
きない使い切りの電池。

二次電池

酸化還元反応を逆転して
充電が可能な電池。

いろいろな電池の原理

燃料電池

反応物が電池に供給される限
り電気を発生し続ける。

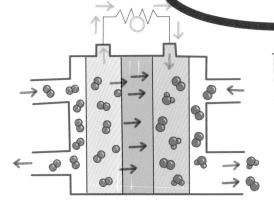

用語集

〔訳注：（　）内は対応する英語であるが、日本で使われている化学用語が英語の直接の訳語ではないこともある。〕

レモンや梅干しの酸味はクエン酸！

絶対温度（absolute temperature）
すべての物質の熱運動が停止する温度を絶対零度と呼び、これを基準にした温度めもりが絶対温度である。この考え方を提唱したイギリスの物理学者ケルビン卿（1824-1907）に因んで単位は K（ケルビン）である。

酸（acid）
酸の定義の1つは、水溶液中で電離してオキソニウムイオンを生じる物質であること、もう1つの定義は他の物質に水素イオンを与える物質であることで、酸は水溶液に酸味を与え、pH値は7未満である。

酸性雨（acid rain）
pH値が5.6より小さい雨水で、空気中の汚染物質が雨水に溶け込んで酸性になることが原因である。

アルファ線（alpha radiation）
不安定な原子核が崩壊するときに放出される、陽子2個と中性子2個からなるヘリウムの原子核。

アルファ崩壊で放出されるヘリウムの原子核。

両性的な物質（amphoteric substance）
水溶液の中で水素イオンを放出したり、受け取ったりして、塩基性に働くことも酸性に働くこともある物質。たとえば水も両性的な物質である。

アノード（anode）
化学電池の中で酸化して電子を外部の回路へ放出する電極。電池では負の電極を指すが、電解槽では電源の正極に接続されて電子を放出するアノードを陽極と呼んでいる。

原子（atom）
すべての物質の構成要素であり、陽子と中性子からなる原子核が中心にあり、その周りに電子が存在する。

原子量（atomic mass）
各元素の原子の質量を、すべての既知の同位元素について自然の存在比に基づいて加重平均をとって求めたもの。質量数12の炭素の同位元素の原子1個の質量の12分の1を単位とする原子質量単位（amu）で表示される。

原子番号（atomic number）
周期表の中での元素の位置を決める番号で、その原子の原子核の陽子の数に等しく、電子数にも等しい。

アボガドロの法則（Avogadro's law）
温度、圧力、体積の等しいすべての気体は同数の分子を含んでいるという法則。0 ℃、1.013×10^5 Pa（＝1気圧）であれば1 molの気体の体積はその種類によらずおよそ22.4 Lである。

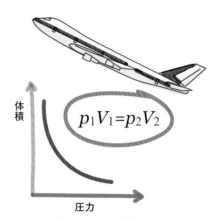

体積

$$p_1V_1 = p_2V_2$$

圧力

ボイルの法則：圧力と体積の関係

塩基（base）
塩基の定義の1つは、水溶液中で電離して水酸化物イオンを生じる物質であること、もう1つの定義は他の物質から水素イオンを受け取る物質であることで、塩基の水溶液には苦味があり、pH値は7より大きい。

ベータ線（beta radiation）
不安定な原子核が崩壊するときに原子核から放出される電子。この崩壊をベータ崩壊という。

ボイルの法則（Boyle's law）
温度と質量が一定の気体の体積は圧力に反比例する、という関係。

ブラウン運動（Brownian motion）
気体や溶液中で絶えず熱運動をしている分子は、それよりも大きなコロイドなどの微粒子とも衝突を繰り返す。その結果として観測される微粒子のまったく不規則で絶え間ない運動を、花粉の顕微鏡観察でこの現象を発見したイギリスの植物学者ブラウン（1773-1858）に因んでブラウン運動と呼ぶ。

緩衝液（buffer）
弱い酸、あるいは塩基とその塩の混合溶液に、酸や塩基が少し加え

られてもpH値をほぼ一定に保つ
働きを緩衝作用といい、緩衝作用
のある水溶液を緩衝液（または緩衝
溶液）という。

カロリメトリー（熱量測定）（calorimetry）
物理的な変化や化学的な変化の際
に系とその周囲との間で移動した
熱エネルギーを測定する実験技術。

カソード（cathode）
電気化学の装置の中で外部回路か
ら電子を吸収して還元される電極。
電池では正の電極が、電解槽では
電源の負極に接続された陰極が外
部から電子を吸収している。

シャルルの法則（Charles's law）
一定の圧力で一定量の気体の体積
は、その温度を1K上昇させるご
とに、0℃のときの体積の273.15
分の1ずつ増加するという気体の
温度と体積の関係に関する法則。
言い換えれば、一定量の気体の体
積は圧力が一定ならば絶対温度に
比例する。

化学平衡（chemical equilibrium）
化学反応が始まってある時間経過
した後に、反応の進行する割合と
逆行する割合が等しくなった状態。
この状態になると反応物と生成物
の濃度は全体として変化しない。

化学的な性質（chemical property）
ある物質を同じ元素を含む別の物
質へ化学変化をさせるときに測定、
あるいは観測される物質の特徴的
な性質。例えば、反応性や可燃性
など。

シャルルの法則：気体を
温めて上昇する熱気球

化学（chemistry）
物質とその構成、構造、変化、他
の物質やエネルギーとの相互作用
などの知識を築き上げた科学の基
本的な分野。

化合物（compound）
2種類以上の元素が、定比例の法
則に従って化学的に結合して構成
された純粋物質。

共有結合（covalent bond）
電気陰性度の近い非金属の原子が、
オクテット則を満たすために最外
殻の電子（価電子）を共有してでき
る結合。

密度（density）
単位体積あたりの質量で定義され
る物質の特徴。

弾性衝突（elastic collision）
2つの物体の間の運動エネルギー
の合計が保存されるような衝突。
気体分子運動論では気体の粒子は
壁に弾性衝突をしていると考える。

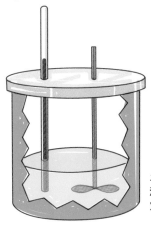

エンタルピーを
測定するための
定圧熱量計

電気化学（electrochemistry）
電極と電解質溶液の間の、酸化還
元反応による化学エネルギーと電
気エネルギーの相互変換を扱う化
学の一分野。

電極（electrode）
電池などの装置で電流を取り出し
たり、流し込んだりするために使
われる導体（ふつうは金属）。装置
から外部の回路へ電子が出ていく
電極をアノード、外部の回路から
装置へ電子が入ってくる電極をカ
ソードと呼ぶ。

電解質（electrolyte）
食塩のように水に溶けて正負のイ
オンになり電気伝導性を示す物質。

起電力（electromotive force）
化学電池の電極間の電位差によっ
て電荷に対して発生する力で、単
位はV（ボルト）。この力によって
アノードとカソードの間に電流が
流れる。

人間の健康維持に
電解質はとても大切

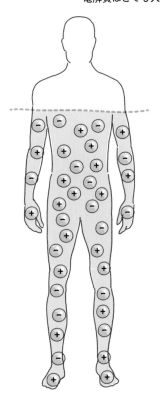

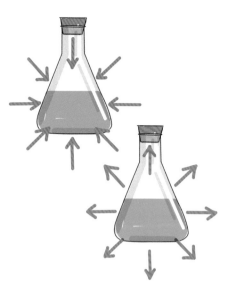

吸熱反応と発熱反応の
熱の移動方向

電子親和力 (electron affinity)

原子が最外殻に1個の電子を受け取って負のイオン（陰イオン）になるときに放出されるエネルギーで、電子親和力が大きい原子ほど陰イオンになりやすい。

電気陰性度 (electronegativity)

共有結合している2原子が共有電子対を引きつけようとする力の強さの程度を表す。ライナス・ポーリングが提唱した相対的な数値は0.7から4.0で、貴ガスを除く周期表の右上の方の元素で大きく、左下の元素ほど小さい。

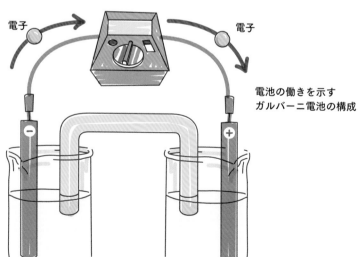

電子　　　　　　　　　　　　電子

電池の働きを示す
ガルバーニ電池の構成

電気素量 (elementary electric charge)

電荷の量の最小単位として1個の陽子あるいは電子の電荷の絶対値1.602 176 634×10^{-19} Cが電気素量と定義されている。

吸熱反応 (endothermic reaction)

エンタルピーの変化が正であるような化学反応。この反応の進行には外部から熱を与える必要がある。

エンタルピー (enthalpy)

ある系とその周囲との間に起こる物理的な過程や化学反応において移動する熱エネルギー。

エントロピー (entropy)

ある系のエネルギーがどれだけ散逸しているかを与える熱力学的な量で、しばしば系の中の粒子の乱雑さや自由度と関係づけられる。

平衡定数 (equilibrium constant)

可逆な化学反応において、平衡が達成されているときの反応物と生成物の濃度の比を平衡定数（濃度平衡定数）と呼ぶ。反応する物質が気体の場合には圧平衡定数、電解質溶液の電離平衡の場合には電離定数が使われる。

発熱反応 (exothermic reaction)

エンタルピーの変化が負であるような化学反応。この反応が進行するときには外部へ熱が放出される。

加圧して沸点を高くして高温で短時間に調理をする圧力鍋

ファラデー定数 (Faraday constant)

1 molの電子の電荷量をファラデー定数という。電子1個の電荷量（＝1.6×10^{-19} C、電気素量）とアボガドロ定数との積からファラデー定数の数値は96,485 C/molとなる。ファラデーはイギリスの化学者で物理学者（1791-1867）、実験化学や電磁気学の研究に多くの業績を残した。

ガルバーニ電池 (Galvanic cell)

自発的な酸化と還元の反応が起こって電圧を生じる化学電池を一般にガルバーニ電池という。最初の電池であるボルタ電池では電解質溶液が共通であったが、2つの半電池と塩橋で構成する電池が考案され、実用性が向上した。ガルバーニは解剖したカエルを使った実験で電池の発明への手がかりを作ったとされるイタリアの生理学者（1737-98）。

ガンマ線 (gamma radiation)

不安定な原子核の崩壊で放出される高エネルギーの電磁波で質量も電荷もない。人の皮膚を透過するので細胞にダメージを与える可能性がある。

ゲーリュサックの法則
（Gay-Lussac's law）

気体の質量と体積が一定であれば、その圧力は気体の絶対温度に比例するという関係をゲーリュサックの法則と呼ぶことがある。この関係をゲーリュサックの第一法則、気体反応の法則をゲーリュサック

の第二法則と呼ぶこともある。

ギブズの自由エネルギー
（Gibbs free energy）

与えられた条件のもとで化学反応を起こすことのできる能力でGと書く。Gの変化量であるΔGが負であれば化学反応は自発的に進行し、平衡状態に達すると$\Delta G = 0$となる。

半減期（half life）

不安定な放射性同位元素の半量が自然に崩壊して安定になるまでにかかる時間。同位元素によってその時間は決まっていて10^{-24}秒の程度のものから10^{20}年を超えるものまである。

水素結合（hydrogen bonding）

電気陰性度の大きなF、O、Nなどの原子が水素原子と直接に結合してできた分子どうしに働く引力。

理想気体の状態方程式
（ideal gas law）

気体の圧力、温度、体積、モル数の間に成り立つ関係式で、この式に従う気体を理想気体という。

分子間力（intermolecular force）

共有結合でできた分子どうしをまとめている比較的弱い引力で、その大きさは分子の極性によって決まる。極性分子間では無極性分子の場合よりも分子間力は強い。

水素

ヘリウム

炭素

量子化された電子のエネルギーを示す線スペクトル

電離放射線（ionizing radiation）

電磁波の中で、波長が短くエネルギーの高い紫外線やX線、ガンマ線など。電離放射線は原子や分子から電子を奪って生体の組織にダメージを与える。イオン化放射線ともいう。

同位元素（isotope）

同じ原子番号の元素で原子核の陽子の数は等しいが中性子の数が異なっていて質量数が異なるもの。

化学平衡の法則（law of chemical equilibrium, law of mass action）

温度が一定ならば、可逆な化学反応では、反応物と生成物の濃度の比を決めれば平衡定数は一定の値となる、という1864年にノルウェーの化学者グルベル（1836-1902）とワーゲ（1833-1900）によって導かれた法則。質量作用の法則ともいわれるが、それは初期の化学で濃度を「活性質量 active mass」と呼んだからである。

線スペクトル（line spectrum）

原子によって放出、吸収される電磁波の波長は決まっている。分光器を用いて放出された光を観察すると、原子ごとにいくつかの特定の波長のところに大きな強度が現れる。このような光の分布をスペクトルといい、原子からの光では鮮明な線状のスペクトルが見られるので線スペクトルと呼んでいる。

物質（matter, substance）

物理的な宇宙の中である空間を占めていて、原子でできていてエネルギーと質量のあるもの。英語では特定の性質を示す物質の種類をsubstance、物質の形を問わない集合体をmatterと表現する。

質量（mass）

ある物体の、宇宙の中のどこにあっても変化することのない物質量。SI単位系ではkgで表示される。

金属結合（metallic bond）

金属の自由電子の海と、価電子より内側の正電荷部分を静電引力によってまとめている力。

モル濃度（molarity）

1Lの溶液中に溶けている溶質の量を物質量（mol）で表した濃度で単位はmol/L。溶媒1kgあたりに溶けている溶質の量を物質量（mol）で表した濃度は**質量モル濃度**（molality）といい、単位は mol/kg である。

極性分子間の双極子－双極子相互作用による分子間力

**金属結合の基本は
金属原子の正電荷部分の周りを
動きまわる自由電子**

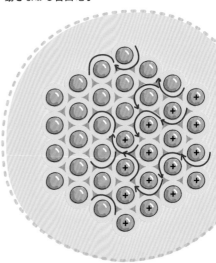

モル（mole）

SI単位系における物質量の基本単位で、アボガドロ数個の粒子を含む系の物質量が1 molである。たとえば水素原子1 molはおよそ1.008 g、水素分子であれば1 molはおよそ2.016 gである。

分子（molecule）

2つ以上の電気陰性度の似た原子が共有結合で結びついてできた粒子。ただし、貴ガスの気体は1原子分子として存在している。

中和（neutralization）

酸と塩基の化学反応によって酸と塩基の性質が消えて、反応の生成物として水とイオン結合による塩ができること。

中性子（neutron）

原子核の中に存在し電荷のない中性の基本粒子、質量は陽子とほぼ同じで原子質量単位で測って1.00866 amuである。

原子核の結合エネルギー
（nuclear binding energy）

核子、すなわち陽子と中性子を結合させているエネルギー。核子1個あたりでは質量数60程度の原子核の結合エネルギーが最大である。

核力（nuclear force）

原子核内で核子（陽子と中性子）を極端な近距離にまとめている極めて強い引力。

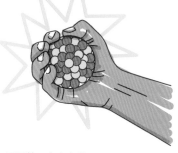

原子核の安定を保つのは
核子の結合エネルギー

原子核（nucleus）

原子の中心にあって、陽子と中性子で構成され、原子のほぼ全質量を担っている。

オクテット則（octet rule）

原子が他の原子と結合するときに、最外殻の電子を失ったり、電子を受け取ったり、あるいは共有したりして最外殻の電子を8個にしようとする傾向のこと。

電子の軌道（orbital）

原子の中で原子核を取り巻く雲のように電子が存在するところを軌道といい、それぞれの軌道に存在する電子のエネルギーの大きさが決まっている。量子数によって決まる3次元の雲のような形の軌道に90%の確率でその軌道の電子が存在している。原子軌道と呼ぶこともある。

酸化（oxidation）

原子が最外殻の電子を失う化学反応、物質が酸素と化合する反応、あるいは物質が水素を失う反応。

周期表（periodic table）

元素を原子番号と化学的な性質の周期的な変化に基づいて並べた表。

pH（ピーエイチ、水素イオン指数）

水溶液の中での水素イオンのモル濃度の10を底とする対数に負号をつけたもので定義され、物質の酸性、塩基性を数値で表現する。

pH指示薬（pH indicator）

弱い酸性、あるいはアルカリ性の有機分子で、水の中でイオン化しにくく、周囲のpHに応じてはっきりした色を表示することができる物質。

フォトン（光子、photon）

電磁波として放射される質量0の量子で、真空中を光速で伝搬する。

物理的な性質（physical property）

融解、沸騰、昇華などの物理的な変化があっても失われることのない物質の個性。

陽子（proton）

原子核に中性子とともに存在し1個の質量は1.00728 amuで正の電荷をもつ。陽子1個の電荷は電子1個の電荷の大きさに等しい。水素の原子核でもある。

圧力（pressure）

単位面積あたりに働く力で、SI単位系で使われる単位はPa（パスカル）。気体の圧力は気体粒子が容器の壁に衝突することによって生じている。

純粋物質
（pure substance, pure matter）

濾過などの機械的な操作や、蒸発、蒸留などの状態変化によって複数の成分に分離できない物質のことを、混合物と区別して純粋物質と呼ぶ。

3次元の雲のような
電子の軌道の例

溶液の準備には
モル濃度が便利

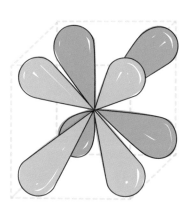

高温の方がよく溶けて
コーヒーは美味しい

量子数（quantum number）

原子の中の電子が存在する軌道を
量子理論に基づいてエネルギーや
対称性などによって定義し、区別
するための数。

還元（reduction）

原子の最外殻に電子を受け取る化
学反応、酸化物が酸素を失う反応、
あるいは物質が水素と化合する反
応。

SI単位系（SI unit）

国際単位系を意味するフランス語
からSIと呼ばれている。基本単位
として物質量（mol）、温度（K）、質
量（kg）、長さ（m）、電流（A）、照
度（cd）、時間（s）が使われ、それ
らを組み合わせて圧力の単位Pa
（パスカル）や力の単位N（ニュー
トン）、電荷の単位C（クーロン）や
電圧の単位V（ボルト）などの組み
立て単位が使われていて、人名に
由来する単位は最初の文字を大文
字にすることになっている。また
容積のL（1リットル、$1\,L = 10^{-3}m^3$、
人名ではないが大文字の使用が推奨
されている）や質量のt（トン、$1\,t$
$= 10^3\,kg$）は非SIであるがSIと併
用される単位となっている。

溶解度（solubility）

ある温度で溶媒に溶ける溶質の最
大量のこと。溶質と溶媒の化学的
な性質および温度に依存する。

溶液（solution）

液体の中に他の溶質（気体、液体、
固体）が溶解して全体が均一な液
体になっているもの。

溶体（solution）

純粋物質とは違って、機械的な操
作や状態変化によって2種または
それ以上の物質に分離できるもの
は混合物と呼ばれ、混合物の中で
均一なものを溶体という。溶体は
混合気体、溶液、固溶体の総称で
あり、気体の混合物はいつも溶体
になっている。

自発的な反応
（spontaneous reaction）

いったん始まったら、外部からの
干渉がなくても進行する物理的、
化学的、あるいは原子核の変化の
過程。

熱力学（thermodynamics）

与えられた環境で自発的に起こる
物理的あるいは化学的な変化の特
徴や、物理的、化学的過程に伴っ
て変化するエネルギーについて調
べる科学の分野。

滴定（titration）

酸性や塩基性の試料の正確な濃
度を、中和反応を利用して定量的
に測定する方法。

チンダル現象（Tyndall effect）

コロイド溶液や空気中に不規則に
浮かんだ μm サイズの多数の粒子
によって光が散乱されて、光の通
路が輝いて見える現象。

価電子（valence electron）

原子の最外殻電子のうち、イオン
になったり、結合したりするときに
重要な働きを示す1～7個の電子。

ほこりの粒子によって散乱され
た光が見えるチンダル現象

ボルタの電池（Voltaic cell）

最初の電池は、電圧の単位に名を
残しているイタリアの物理学者ボ
ルタ（1745-1827）が1800年ごろ
に発明したといわれている。この
ボルタの電池は希硫酸水溶液に浸
した亜鉛と銅を電極としたが、電
流を流すとすぐに起電力が低下し
てしまうものであった。一般に化
学電池をボルタの電池と呼ぶこと
もある。

VSEPR理論（VSEPR theory）

電子価殻電子対反発則と呼ばれる
理論で、負電荷の価電子や不対電
子対の相互の静電反発を最小にす
るように分子の3次元の幾何学的
な形が決まるということ。

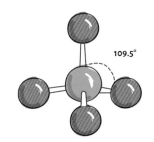

VSEPR理論によって決まる
メタンの正四面体の形

索 引

◆単位や法則に名を残した人々(本書登場順)

ジュール(J、エネルギーの単位)
イギリスの物理学者ジェームズ・プレスコット・ジュール(1818-89)は熱力学の発展に重要な貢献をした。

セ氏温度(°C)
スウェーデンの天文学者アンデルス・セルシウス(1701-44)は1742年に現在の°Cの起源となる温度計を初めて提唱した。

ニュートン(N、力の単位)
1665年に万有引力の法則を発見し、近代科学の基礎を築いたのはイギリスのアイザック・ニュートン(1642-1727)。

パスカル(Pa、圧力の単位)
フランスの数学者で物理学者であったブレーズ・パスカル(1623-62)は流体の圧力に関するパスカルの原理を発見。

ヘルツ(Hz、周波数の単位)
ドイツの物理学者ハインリッヒ・ルドルフ・ヘルツ(1857-94)は電磁波の存在を実証。

プランク定数(h)
ドイツの物理学者マックス・プランク(1858-1947)は1900年に量子理論を提唱し、量子理論を特徴づけるプランク定数を導入した。

フントの規則
ドイツの物理学者フリードリッヒ・ヘルマン・フント(1896-1997)は1925年に原子の中の電子配置に関する規則を発表した。

ファンデルワールス力
ヨハネス・ディーデリク・ファンデルワールス(1837-1923)はオランダの物理学者で気体の化学や分子間力を詳細に研究。

ロンドン分散力
ドイツからアメリカに移った理論物理学者フリッツ・ヴォルフガング・ロンドン(1900-54)は化学結合の量子理論や分散力を研究。

ルシャトリエの原理
1884年にフランスの化学者アンリ・ルシャトリエ(1850-1936)が平衡移動の原理を提唱した。

ネルンストの式
ドイツの化学者ヴァルター・ネルンスト(1864-1941)は熱力学や電気化学に業績を残した。

著者

アリ・O・セゼル　Dr. Ali O. Sezer

トルコ出身。ペンシルベニア州立大学にて化学・生物学の博士号を取得。ネブラスカ大学リンカーン校にて材料工学を学ぶ。専門は一般化学、物理化学、高分子化学。『30 Second Chemistry』『Know-It-All Chemistry』の著書をはじめ、化学の教育資源の開発に積極的に取り組んでいる。

訳者

東辻千枝子（とうつじ・ちえこ）

お茶の水女子大学大学院修士課程、岡山理科大学大学院博士課程修了、博士（理学）。専門は物性物理学。東京大学海洋研究所、岡山大学大学院自然科学研究科、工学院大学学習支援センター勤務を経て、現在は理系分野の翻訳を行う。訳書に『現代の凝縮系物理学』（共訳、吉岡書店、2000年）、『タイム・イン・パワーズ・オブ・テン』（講談社、2015年）、『プラネットアース』（創元社、2019年）、『イラストで学ぶ地理と地球科学の図鑑』（創元社、2020年）、『ひと目でわかる宇宙のしくみとはたらき図鑑』（創元社、2022年）、『「科学のキホン」シリーズ①イラストでわかるやさしい物理学』（創元社、2023年）など。

「科学のキホン」シリーズ③

イラストでわかるやさしい化学

2023年8月20日　第1版第1刷発行

著　者　アリ・O・セゼル

訳　者　東辻千枝子

発行者　矢部敬一

発行所　株式会社 創元社
　　　　https://www.sogensha.co.jp/
　　　　本　　社　〒541-0047　大阪市中央区淡路町4-3-6
　　　　TEL 06-6231-9010（代）　FAX 06-6233-3111
　　　　東京支店　〒101-0051　東京都千代田区神田神保町1-2 田辺ビル
　　　　TEL 03-6811-0662

装丁組版　文図案室

印刷所　図書印刷株式会社

Japanese translation ©2023 TOTSUJI Chieko, printed in Japan
ISBN978-4-422- 40077-8　C0343
〈検印廃止〉落丁・乱丁はお取替えいたします